汉竹主编●健康爱家系列

减脂
瘦身
一日三餐
视频版

安欣 著

江苏凤凰科学技术出版社
·南京·

图书在版编目(CIP)数据

减脂瘦身一日三餐 视频版/ 安欣著.—南京：江苏凤凰科学技术出版社，2021.01
（2023.05重印）
（汉竹·健康爱家系列）
ISBN 978-7-5713-1481-1

Ⅰ.①减… Ⅱ.①安… Ⅲ.①减肥－食谱 Ⅳ.①TS972.161

中国版本图书馆CIP数据核字（2020）第200694号

中国健康生活图书实力品牌

减脂瘦身一日三餐 视频版

著　　　　者	安　欣	
主　　　编	汉　竹	
责 任 编 辑	刘玉锋　黄翠香	
特 邀 编 辑	阮瑞雪	
责 任 校 对	仲　敏	
责 任 监 制	刘文洋	

出 版 发 行　江苏凤凰科学技术出版社
出版社地址　南京市湖南路1号A楼，邮编：210009
出版社网址　http://www.pspress.cn
印　　　刷　南京新世纪联盟印务有限公司

开　　　本　720 mm×1 000 mm　1/16
印　　　张　11
字　　　数　200 000
版　　　次　2021年1月第1版
印　　　次　2023年5月第9次印刷

标 准 书 号　ISBN 978-7-5713-1481-1
定　　　价　39.80元

图书如有印装质量问题，可向我社印务部调换。

序

合理搭配，享"瘦"健康

很多人，一辈子都在减肥，也一辈子都在馋嘴；懒得做运动，又耐不住饥饿之苦。究竟有没有好办法，让我们既能享受口腹之欲，又能维持健康的体重和苗条的身材？

好身材是美丽形象的关键要素之一，身为电视台美食节目制片人和主理人的安欣，虽然工作繁忙，但是她不仅身材窈窕，而且工作时总是神采奕奕，她一直坚信自己的青春气质和节目口碑相互成就。

"上得厅堂，下得厨房"用来描述安欣最适合不过。为了优化节目内容，安欣积极地学习各种厨艺，稍得空闲便认真学习营养学知识；在日常生活中，安欣为家人做好一日三餐，因为她相信，亲手做的食物就是对家人的长情陪伴。

安欣常会在节目中分享自己的健康心得，时常叮嘱身边的朋友：无论工作生活多么繁忙，健康才是让自己人生增值的关键。饮食与健康，有着密不可分的关系。适宜的体重是健康的衡量标准之一。减重的原理在于能量的"逆差"，而不是简单的节食。选对方法，才能起到事半功倍的效果。

本书中，安欣精心挑选了各种健康的天然食物，用心组织搭配，合理科学烹饪，编写并拍摄了精美的90道减脂餐。每一道餐品看上去都是那么诱人，不过，读者应根据自身情况按量取用，因为食物定量也是减重的关键要素之一。祝每一位读者都能健康常在，美丽加分！

姜明霞

中国人民解放军东部战区总医院营养科副主任医师、医学博士
2020年11月

目录

为了方便读者阅读和计算，本书中食物热量根据食材重量统一换算，使用"千卡"为计量单位，如有需要，可以利用此公式将"千卡"换算为"千焦"：1千卡≈4.19千焦。

促代谢

能量早餐

不长肉

饱腹午餐

虾尾饭团 46

火腿芝士小饭团 48

杞果三角饭团 50

金枪鱼三角饭团 52

午餐肉小饭墩 54

香松培根饭卷 56

咸蛋黄肉松蒸饭 58

多彩菠萝饭 60

火腿土豆三明治 62

照烧鸡肉三明治 64

咖喱鲜虾土豆粉 66

鱼丸冬阴功河粉 68

塔吉锅肉末米线 70

腊肠什锦米粉 72

西葫芦黄金饼 74

鱼丸沙茶面 76

骨汤拉面 78

鸡汤荞麦面 80

海鲜墨鱼汁面 82

黑森林南瓜贝壳面 84

青酱火腿螺旋面 86

低糖

点心和饮品

牛油果酸奶麦片杯 150

香蕉酸奶麦片杯 151

火龙果奶昔杯 152

树莓什锦碗昔 153

树莓果昔杯 154

莓莓慕斯杯 155

彩虹慕斯果昔杯 156

绿奶果昔杯 158

黑黑拿铁 159

豆豆拿铁 160

青麦拿铁 161

南瓜拿铁 162

紫薯拿铁 163

红茶拿铁 164

咖味拿铁 165

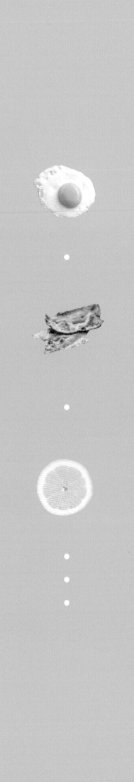

促代谢

能量早餐

健康瘦身营养要点

- 拒绝挨饿，吃饱了才有力气减肥
  淀粉类主食能带来饱腹感，
  也能为人体提供充足的能量，
  健康营养的早餐会开启精神饱满的一天。

- 摄入足够的蛋白质才能"燃脂"
  蛋白质食物有助于提升肌肉力量，增肌有助于促进代谢。
  富含优质蛋白的食物为奶类、蛋类、肉类和豆类，
  早餐至少要有其中一样，最好能有两种。

- 多彩蔬果愉悦心情，又促进消化
  配餐中蔬果至少有两种，以补充维生素，
  蔬果富含膳食纤维，有助于润肠通便，防止体内脂肪囤积。
  适量吃坚果，补充优质脂肪。

莲藕美龄粥

(少油) (水煮) (滋补) (养颜)

扫一扫，跟着做

— 减脂贴士 —

这是简约版的"美龄粥"，肠胃不舒服或者没有胃口的时候，在家做一碗，山药养胃，红枣滋补，打成米糊更易消化。

总热量 🔥
620千卡

20分钟

2人份

⚖ 食材及热量

黄豆40克	150千卡
糯米40克	140千卡
粳米40克	140千卡
山药40克	20千卡
莲藕40克	20千卡
红枣片20克	80千卡
燕麦20克	70千卡

（注：所有食材和热量为估算，全书同。）

🧂 配料

黑芝麻	适量

🍲 步骤

1 黄豆提前浸泡一夜，糯米和粳米提前浸泡2小时。

2 山药和莲藕去皮，洗净，切成小块。

3 豆浆机中放入黄豆、糯米、粳米、山药块、莲藕块、红枣片（留2片备用）、燕麦和500毫升水。

4 启动"米糊"功能。

5 煮好后倒入杯中。

6 装饰上红枣片和黑芝麻。

烹饪妙招

1. 如果觉得粥的味道比较淡，可以放入少许冰糖碎一起打成米糊。

2. 为防止山药和莲藕变色发黑，可以在去皮后立刻放入清水中浸泡；也可以提前将山药和莲藕蒸熟，煮出来的粥口感更加顺滑。

3. 黑芝麻热量相对较高，按个人需求适量撒入即可。

太阳蛋吐司

少油 低盐 低糖 开胃

扫一扫，跟着做

— 减脂贴士 —

培根煎出的油脂正好用来煎蛋，无需额外用油，想要热量更低，可以直接用不粘锅无油煎蛋。

4

总热量 🔥
310千卡

10分钟

1人份

📷 食材及热量

鸡蛋1个
（约60克）* 　　80千卡

吐司1片
（约50克）　　140千卡

培根2片
（约40克）　　70千卡

圣女果5颗
（约90克）　　20千卡

*注：食物重量估算只在首次出现时标明；书中同类食材出现的重量计算以此标准计算。

🧂 配料

现磨黑胡椒碎　　　适量

🍲 步骤

1 平底锅中火加热，把吐司一面煎至微焦。

2 吐司翻面，另一面也煎至微焦后盛出。

3 平底锅中火加热，放入培根，煎至两面微焦。

4 平底锅中打入鸡蛋，用培根煎出的油煎鸡蛋。

5 煎好的鸡蛋放在吐司上，撒上现磨黑胡椒碎。

6 圣女果对半切开，和鸡蛋吐司、培根一同摆盘。

烹饪妙招

1. 鸡蛋要提前从冰箱里拿出来，常温鸡蛋煎出来的味道更香。

2. 此处用的是生培根，要用中火煎出油，随时注意观察并及时翻面，以防煎煳，煎鸡蛋时不需要另外放油。

3. 也可以将煎好的鸡蛋、培根和圣女果一同摆盘后再撒上现磨黑胡椒碎。

法式香蕉吐司

少油　高钾　润肠　饱腹

扫一扫，跟着做

— 减脂贴士 —

香蕉含有丰富的钾，
有助于改善水肿；
建议搭配柠檬薄荷
苏打水，它不仅清
爽解腻，还能为身
体补充维生素C。

总热量 🔥
510 千卡

⏳ 10分钟

👤 1人份

⚖ 食材及热量

吐司2片	280千卡
鸡蛋1个	80千卡
牛奶100毫升	50千卡
香蕉1根	
（约110克）	100千卡

🧂 配料

黄油	适量
坚果碎	适量
蔓越莓干	适量

📋 步骤

1 盘中打入鸡蛋，加入牛奶，搅打均匀成鸡蛋牛奶液。

2 吐司完全浸泡在鸡蛋牛奶液里，使两面都充分吸收鸡蛋牛奶液。

3 锅中放入黄油，小火加热至黄油熔化，放入吐司，煎至两面微焦。

4 香蕉去皮，切成厚度约为0.5厘米的薄片。

5 两片吐司叠放，整齐地铺满香蕉片，撒上坚果碎和蔓越莓干。也可以按个人口味，淋上少量糖浆，搭配蓝莓等水果。

— 烹饪妙招 —

1. 煎吐司片最好选用无盐黄油，用量一般10克即可，如果觉得热量过高，可以减少用量。

2. 可以先将黄油熬制成清黄油再用来煎吐司。清黄油熔点较高，加热时不易变黑，不会影响食物的品相，而且乳脂含量也相对较低，有利于减少热量摄入。

低卡虾仁滑蛋

 少油　小炒　低脂　高钙

扫一扫，跟着做

减脂贴士

鸡蛋、虾仁和牛奶都含有丰富的优质蛋白质，在减脂期可为身体补充能量，而且这些食材口感醇香，制作时可以少放调料，饮食清淡更有利于健康瘦身。

⚖️ 食材及热量

鸡蛋2个	170千卡
虾仁50克	100千卡
牛奶20毫升	10千卡
西蓝花30克	10千卡
胡萝卜30克	10千卡

🧂 配料

盐	适量
现磨黑胡椒碎	适量
亚麻子油	适量

🍲 步骤

1 西蓝花洗净，切成小朵；虾仁洗净，去除虾线。

2 锅中倒入清水，大火煮沸，放入西蓝花和胡萝卜，焯烫2分钟。

3 捞出西蓝花和胡萝卜，将胡萝卜切成丁。

4 锅中继续放入虾仁，焯烫2分钟，捞出沥干，倒掉锅中的水。

5 碗中打入鸡蛋，加入牛奶搅拌均匀，加入盐和现磨黑胡椒碎调味。

6 锅中刷上一层亚麻子油，小火加热，中间放入西蓝花，胡萝卜丁和虾仁。

7 倒入蛋液，轻轻晃动锅身，均匀地铺满锅底，至蛋液微微凝固。

8 将蛋液向西蓝花和虾仁的位置推，盖上锅盖，转中火焖2分钟。

快手三明治

少油　低盐　供能　饱腹

扫一扫，跟着做

鸡蛋、火腿、黄瓜
和吐司的搭配，既
清爽又可口，主食
和配菜比例得当，
口味和营养俱佳，
让身体元气满满。

15分钟

 1人份

🍳 食材及热量

吐司1片	140千卡
鸡蛋1个	80千卡
黄瓜50克	10千卡
马苏里拉芝士碎10克	
	30千卡
火腿1片	
（约25克）	30千卡

🍾 配料

黄油	适量

🍲 步骤

1 黄瓜洗净，切成5厘米长、0.5厘米厚的薄片。火腿切成5厘米长、2厘米宽的长方形。

2 吐司挖空中心。锅用小火加热，放入挖掉中心的吐司框，框内放入黄油。

3 黄油熔化后，打入鸡蛋。

4 等蛋黄稍稍凝固后，放上火腿片，铺上马苏里拉芝士碎。

5 马苏里拉芝士碎微微熔化后，放上黄瓜片，盖上挖出的吐司片并轻轻按压。

6 翻面煎，煎至双面呈金黄色。

烹饪妙招

通常制作三明治会用两片吐司，这是一片吐司做出的三明治。选择厚吐司较好操作，吐司用黄油煎过，会有微微的焦香，味道更好。

火腿卷饼

少油　小炒　低脂　饱腹

扫一扫，跟着做

— 减脂贴士 —

中式卷饼的好口感来自于丰富的馅料，这一款卷饼摆脱高油高脂的食材，选用维生素含量丰富的紫甘蓝、秋葵等食材，色彩丰富，低脂又健康。

🍲 食材及热量

火腿2片	60千卡
紫甘蓝30克	10千卡
胡萝卜50克	10千卡
卷饼1张	
（约50克）	80千卡
秋葵2根	
（约40克）	10千卡

🍶 配料

盐	适量
橄榄油	适量

📋 步骤

1 胡萝卜和紫甘蓝洗净，切成细丝；秋葵洗净。

2 锅中倒入水，大火煮沸，加入盐，放入秋葵，焯烫后捞出沥干。

3 另起一锅，锅中刷上一层橄榄油，中火加热，放入火腿片，双面稍煎一下取出。

4 锅中继续放入胡萝卜丝和紫甘蓝丝，大火煸炒，加盐调味，炒熟后盛出。

5 锅擦干净，放入卷饼，小火双面加热后取出。

6 放上火腿片、胡萝卜丝和紫甘蓝丝、秋葵，卷紧。

7 用牛油纸卷好固定。

--- 烹饪妙招 ---

超市买回来的成品卷饼要放在冰箱里，吃之前建议用平底锅将卷饼两面加热一下，用中小火即可。

圣女果罗勒欧姆蛋

少油　低脂　开胃　高钙

扫一扫，跟着做

── 减脂贴士 ──

只刷一层薄油，就能煎出美味的欧姆蛋。圣女果和罗勒叶的搭配，清香爽口，不需要添加过多调料，也可以吃得很满足。

总热量 🔥
330千卡

⏳ 10分钟

👤 2人份

⚖ 食材及热量

鸡蛋3个	260千卡
圣女果7颗	30千卡
牛奶20毫升	10千卡
马苏里拉芝士碎10克	
	30千卡

🧂 配料

盐	适量
橄榄油	适量
现磨黑胡椒碎	适量
罗勒叶	适量

🍲 步骤

1 圣女果洗净，切开。

2 碗中打入鸡蛋，加入盐和现磨黑胡椒碎。

3 边搅拌边加入牛奶，搅拌均匀。

4 锅中刷上一层橄榄油，中小火加热，倒入蛋液。

5 待鸡蛋半凝固状态时，放上圣女果和洗净的罗勒叶，撒上马苏里拉芝士碎至熔化。

┌─── 烹饪妙招 ───┐

1. 蛋液倒入锅中时，要用中小火加热，若开大火，蛋饼底部容易烧焦，而顶面却无法熟透。

2. 新鲜的罗勒叶有馥郁的芳香，与圣女果或番茄搭配一同烹饪，能提味增香。

西班牙多彩欧姆蛋

少油　低脂　低糖　开胃

扫一扫，跟着做

— 减脂贴士 —

芦笋和彩椒富含维
生素和膳食纤维，
切成小丁后粒粒分
明，鲜香爽口，不必
过多调味就很美味，
还让欧姆蛋拥有了
温暖的色彩，早餐
也变得更暖心。

🍳 食材及热量

鸡蛋3个	260千卡
红彩椒30克	10千卡
黄彩椒30克	10千卡
火腿2片	60千卡
马苏里拉芝士碎30克	90千卡
芦笋3根	
（约90克）	20千卡

🧂 配料

盐	适量
现磨黑胡椒碎	适量
橄榄油	适量

🍲 步骤

1️⃣ 芦笋、红彩椒、黄彩椒洗净，切丁；火腿片切丁。

2️⃣ 碗中打入鸡蛋，搅打均匀，加入盐和现磨黑胡椒碎，搅打均匀。

3️⃣ 加入芦笋丁、黄彩椒丁、红彩椒丁和火腿丁，搅拌均匀。

4️⃣ 锅中倒入橄榄油，开火加热，倒入蛋液转中火。

5️⃣ 等鸡蛋快要全部凝固时，均匀地撒上马苏里拉芝士碎。

6️⃣ 盖上锅盖，小火焖3分钟，加热至马苏里拉芝士碎完全熔化。

烹饪妙招

锅的大小不同，鸡蛋煎出来的薄厚也不同，厚一点的鸡蛋，煎的时候可能顶面不容易熟，这时可以盖上锅盖，焖一会儿，顶面很快就会焖熟。

章鱼小香肠

少油 低盐 润肠 开胃

扫一扫，跟着做

— 减脂贴士 —

鹰嘴豆营养丰富又比较容易消化，能够为身体提供较为充足的能量，而且口感也香浓，搭配蔬菜和香肠，香而不腻，哪怕不加沙拉酱也能吃得有滋有味。

⚖ 食材及热量

包菜50克	10千卡
熟鹰嘴豆40克	60千卡
熟玉米粒20克	20千卡
熟小香肠8个 (约200克)	300千卡
青柠檬半个 (约40克)	10千卡

🍶 配料

橄榄油	适量
现磨黑胡椒碎	适量
低脂沙拉酱	适量

📋 步骤

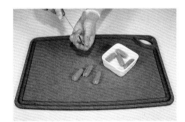

1️⃣ 将小香肠的一头划至1/2处，像这样一共划3刀，共6瓣。

2️⃣ 锅中刷一层橄榄油，中小火加热，放入小香肠，煎至一头开花。

3️⃣ 包菜洗净，切成细丝。

4️⃣ 青柠檬洗净，切成薄片。

5️⃣ 盘中放入小香肠、熟鹰嘴豆、包菜丝、熟玉米粒和柠檬片，挤上低脂沙拉酱，撒上现磨黑胡椒碎，可装饰上青柠檬片。

烹饪妙招

1. 把小香肠一头对切成6瓣的正确切法是把小香肠放平，用刀居中垂直切下去，中心点旋转60°的位置再垂直切下第二刀，再旋转60°切下第三刀。(具体操作可以参考二维码视频。)

2. 玉米粒是开罐即食的，吃不完要密封放入冰箱冷藏保存。

黄金抱蛋煎饺

少油 供能 开胃 饱腹

扫一扫，跟着做

—— 减脂贴士

用刷油代替倒油来煎饺，可以有效减少油脂的摄入量。抱蛋煎饺能提供丰富的碳水化合物和蛋白质，吃饱了更有精气神，锻炼效果也更好。

总热量 🔥
570千卡

⏳ 15分钟

👤 2人份

⚖️ **食材及热量**

鸡蛋2个	170千卡
胡萝卜30克	10千卡
熟饺子8个	
（约160克）	390千卡

🧂 **配料**

盐	适量
橄榄油	适量
葱	适量
香松粉	适量

🍲 **步骤**

1️⃣ 胡萝卜洗净，切成丁；葱洗净，切成末。

2️⃣ 碗中打入鸡蛋，放入盐和胡萝卜丁，搅打均匀。

3️⃣ 锅中刷上一层橄榄油，中火加热，放入饺子，留有空隙地摆放好。

4️⃣ 从锅边慢慢倒入蛋液，填满饺子之间的空隙，盖上锅盖焖2分钟。

5️⃣ 撒上葱末和香松粉。

┌─ 烹饪妙招 ─┐

1. 隔夜的饺子很适合做成煎饺，如果煮熟后的饺子吃不完，可以放在凉水中过一下，防止粘连，第二天放入锅中，加入水，约没过饺子1/4，盖上锅盖，用中火煎至水干后再倒入蛋液。

2. 煮饺子时，先在锅里加少许盐，等水沸腾后，再放入饺子煮，这样饺子就不容易煮破皮。

香芹燕麦饼

少油　供能　润肠　纤体

扫一扫，跟着做

— 减脂贴士 —

香芹和燕麦片都含有丰富的膳食纤维，有助于预防便秘。燕麦饼与纯用面粉制成的饼相比，食物热量相对会低一些。

总热量 🔥
600千卡

⏳ 20分钟

👤 3人份

⚖️ 食材及热量

鸡蛋3个	260千卡
面粉50克	180千卡
熟燕麦片30克	100千卡
香芹40克	10千卡
胡萝卜30克	10千卡
火腿1片	30千卡
牛奶20毫升	10千卡

🧂 配料

黑芝麻	适量
葱	适量
盐	适量
现磨黑胡椒碎	适量
橄榄油	适量

🍲 步骤

1 香芹、胡萝卜洗净，切丁；火腿切丁；葱洗净，切成末。

2 碗中打入鸡蛋，搅打均匀。

3 面粉过筛加入蛋液中，搅拌均匀。

4 加入香芹丁、胡萝卜丁、葱末、火腿丁和熟燕麦片，搅拌均匀后倒入牛奶。

5 加入盐和现磨黑胡椒碎，搅拌均匀。

6 饼锅中刷上一层橄榄油，中火加热，倒入面糊，改小火煎。

烹饪妙招

牛奶的量根据面糊的稠稀程度来调整，如果喜欢吃稍硬一些的面饼，可以少加或者不加牛奶。

7 底面定型后，翻面继续煎，撒上黑芝麻，煎至金黄微焦。

土豆火腿饼

少油 供能 润肠 开胃

扫一扫，跟着做

— 减脂贴士 —

用土豆丝就相应减少面粉的用量，以控制热量的摄入；将爽脆的蔬菜丝汇入蛋饼中，再用橄榄油煎制，撒入黑胡椒碎提味，没有过多调味，低脂又健康。

总热量 705千卡

20分钟

4人份

⚖ 食材及热量

面粉100克	360千卡
鸡蛋2个	170千卡
土豆100克	80千卡
胡萝卜30克	10千卡
紫甘蓝30克	10千卡
红彩椒20克	5千卡
火腿2片	60千卡
牛奶20毫升	10千卡

🧂 配料

葱	适量
盐	适量
现磨黑胡椒碎	适量
橄榄油	适量

📋 步骤

1 将土豆、胡萝卜、火腿、紫甘蓝和红彩椒洗净，切成细丝；葱洗净，切成末。

2 碗中打入鸡蛋，搅打均匀。

3 面粉过筛加入蛋液中。

4 加入火腿丝、胡萝卜丝、土豆丝、红彩椒丝、紫甘蓝丝和葱末，搅拌均匀。

5 加入盐、现磨黑胡椒碎和牛奶，搅拌均匀。

6 锅中刷一层橄榄油，中小火加热，均匀倒入面糊，盖上锅盖，煎至两面金黄。

--- 烹饪妙招 ---

可以尝试改变一下食材的配比，减少面粉的分量，多加一些蔬菜，煎饼的热量会低一些，口感也会更爽口。

虾仁什锦饼

少油　低脂　高钙　养颜

扫一扫，跟着做

— 减脂贴士 —

虾仁富含优质蛋白质，虾仁饼用橄榄油小火慢煎代替油炸，口感更加滑嫩，而且能够减少脂肪摄入。

| 总热量 720千卡 | 20分钟 | 2人份 |

食材及热量

虾仁150克	300千卡
鸡蛋2个	170千卡
胡萝卜30克	10千卡
熟玉米粒40克	40千卡
熟豌豆30克	30千卡
面粉30克	110千卡
生粉10克	30千卡
米饭30克	30千卡

配料

葱	适量
现磨黑胡椒碎	适量
盐	适量
橄榄油	适量
黑芝麻	适量

步骤

1 虾仁洗净,去虾线,煮熟,其中100克切丁,留50克不切备用。

2 胡萝卜洗净,切成丁;葱洗净,切成末。

3 碗中打入鸡蛋,搅打均匀。

4 加入面粉、生粉和米饭,搅拌均匀。

5 加入胡萝卜丁、熟玉米粒、熟豌豆、虾仁丁和葱末,搅拌均匀。

6 撒上现磨黑胡椒碎和盐,搅拌均匀。

7 饼锅中刷上一层橄榄油,中小火加热,倒入面糊。

8 饼底面定型后,放上虾仁,翻面继续煎。

9 煎至双面金黄微焦,撒上黑芝麻。

──── 烹饪妙招 ────

1. 建议使用圆形饼锅做小圆饼,简单实用,做圆饼的造型也很方便;如果没有,可以用小模具定型。

2. 为了保留虾仁的鲜香味,可以不加酱料,不过搭配番茄酱或者甜辣酱,味道也不错。

黄金煎米饼

少油 低脂 高纤 开胃

扫一扫，跟着做

—— 减脂贴士

煎好的米饼用厨房纸吸去多余的油脂，可以减少油脂的摄入量，也可将白米饭换成杂粮米饭，为身体补充更多膳食纤维。

总热量 🔥
450千卡

⏳ 15分钟

👤 3人份

⚖️ 食材及热量

米饭150克	170千卡
鸡蛋2个	170千卡
火腿2片	60千卡
胡萝卜30克	10千卡
紫甘蓝30克	10千卡
熟豌豆30克	30千卡

🧂 配料

盐	适量
现磨黑胡椒碎	适量
橄榄油	适量

🍲 步骤

1️⃣ 火腿片切成丁；胡萝卜和紫甘蓝洗净，切成丁。

2️⃣ 碗中打入鸡蛋，搅打均匀。

3️⃣ 加入熟的米饭、火腿丁、胡萝卜丁、紫甘蓝丁和熟豌豆。

4️⃣ 加入盐和现磨黑胡椒碎，搅拌均匀。

5️⃣ 饼锅中刷上一层橄榄油，中小火加热，将拌好的熟米饭分为6等份，放入锅中。

6️⃣ 约2分钟后翻面，煎至双面金黄。

--- 烹饪妙招 ---

1. 这是一种"消灭"隔夜米饭的创新吃法，可以加入不同的蔬菜，做各种口味的煎米饼。
2. 也可以将胡萝卜、紫甘蓝和豌豆换成香芹，再撒上一些葱末，更有一种中式油饼的味道。

松松蛋配粗粮包

少油　低糖　低脂　润肠

扫一扫，跟着做

── 减脂贴士 ──

秋葵的黏液含有黏
蛋白，这类成分有
一定的控糖作用。
减脂期不用奶油调
味，换成牛奶，这样
更利于减脂瘦身。

总热量
430 千卡

20分钟

1人份

⚖ 食材及热量

鸡蛋2个	170千卡
牛奶20毫升	10千卡
火腿2片	60千卡
秋葵2根	10千卡
海鲜菇4根	
（约40克）	10千卡
樱桃萝卜1个	
（约25克）	10千卡
全麦面包2片	
（约66克）	160千卡

🍶 配料

盐	适量
橄榄油	适量

🍲 步骤

1 樱桃萝卜洗净，切成薄片；秋葵、海鲜菇洗净。

2 碗中打入鸡蛋，加入牛奶和盐，搅拌均匀。

3 锅中刷上一层橄榄油，中火加热，倒入蛋液。

4 鸡蛋没有完全成型时用铲子轻轻翻炒，炒成松散的鸡蛋块后盛出。

5 锅中放入火腿片、秋葵和海鲜菇，双面煎至微焦。

6 将鸡蛋块、秋葵、海鲜菇、火腿片、樱桃萝卜片和全麦面包片一起装盘。

―――――― 烹饪妙招 ――――――

1. 秋葵用热盐水焯一下，可以保持碧绿的颜色。如果觉得用油锅煎麻烦，可以将秋葵和海鲜菇换成牛油果和黄瓜丝，不必油煎味道也不错。

2. 炒蛋也可以使用黄油，将10克黄油小火加热至熔化后，倒入蛋液翻炒，这样炒出来的鸡蛋更香。

咸咸西多士

少油　低脂　供能　养颜

扫一扫，跟着做

减脂贴士

冰草清新解腻，可以
用来调节黄油吐司
的口感；花生酱口
感香浓，建议少量
搭配即可，或者用
原味花生酱，尽量减
少调味料的摄入量。

20分钟

2人份

🔲 食材及热量

吐司2片	280千卡
鸡蛋2个	170千卡
牛奶20毫升	10千卡
冰草30克	10千卡
圣女果2颗	10千卡
青柠檬半个	10千卡

🔲 配料

盐	适量
香葱粉	适量
黄油	适量
花生酱	适量

🔲 步骤

1 圣女果洗净，对半切开；青柠檬洗净，切片。

2 碗中打入鸡蛋，加入盐、香葱粉，搅打均匀，加入牛奶后拌匀。

3 吐司切去边，斜角对切成两半。

4 取一片吐司，均匀抹上花生酱，取另一片盖上。

5 吐司片放入蛋液中，每一面都充分蘸满蛋液。

6 锅中放入黄油，小火加热至熔化，放入吐司煎至双面微黄。

7 吐司片装盘，配上冰草、圣女果和青柠檬片。

--- 烹饪妙招 ---

1. 黄油用中小火熔化，防止温度过高，黄油变黑。
2. 煎吐司用中小火，保证双面外皮微焦，口感更好。去掉的吐司边可以用黄油煎一下，别有一番风味。

鹰嘴豆开放三明治

(无油) (低盐) (供能) (润肠)

扫一扫，跟着做

— 减脂贴士 —

鹰嘴豆富含植物性蛋白质和膳食纤维，搭配巴沙鱼，可以实现植物性蛋白质和动物性蛋白质的优势互补，为身体提供更多的"燃脂"能量。

⚖ 食材及热量

全麦面包3片	250千卡
巴沙鱼50克	40千卡
鲜芝士50克	160千卡
熟鹰嘴豆50克	60千卡
芝麻菜20克	10千卡
紫甘蓝30克	10千卡

🍶 配料

低脂沙拉酱	适量
现磨黑胡椒碎	适量
橄榄油	适量
盐	适量

🍲 步骤

1 将锅加热,刷上一层橄榄油,中小火煎巴沙鱼,煎至两面微焦;撒上盐和现磨黑胡椒碎,冷却后撕成小块。

2 紫甘蓝洗净,切成细丝;芝麻菜洗净。

3 全麦面包切成厚约1厘米的厚片。

4 每片面包涂上鲜芝士。

5 铺上洗净的芝麻菜、紫甘蓝丝、巴沙鱼块和熟鹰嘴豆,挤上低脂沙拉酱。

6 撒上现磨黑胡椒碎。

─── 烹饪妙招 ───

1. 巴沙鱼少刺,煎熟后,直接剔除鱼骨头就可以放到面包片上。
2. 如果不想煎鱼,可以将巴沙鱼换为罐装的三文鱼。
3. 鹰嘴豆是罐装的,开罐即食,吃不完要密封放入冰箱冷藏保存。

迷你火腿比萨

扫一扫，跟着做

无油　低盐　低脂　养颜

— 减脂贴士 —

彩椒和西蓝花热量较低，维生素含量丰富，这些蔬菜能让迷你比萨的口感更丰富，可以按个人口味增加其他蔬菜。

总热量 🔥 **515**千卡   ⏳ 25分钟   👤 1人份

⚖ 食材及热量

吐司2片	280千卡
鸡蛋1个	80千卡
红彩椒20克	5千卡
玉米椒20克	20千卡
西蓝花30克	10千卡
火腿1片	30千卡
马苏里拉芝士碎30克	
	90千卡

🧂 配料

比萨酱	适量
现磨黑胡椒碎	适量

🍲 步骤

1 红彩椒、黄彩椒洗净，切丝；火腿切丝；西蓝花洗净，切小朵。

2 吐司中间用梅森罐碾压使其凹进去，刷上比萨酱，倒入鸡蛋。

3 吐司上均匀地放上红彩椒丝、火腿丝、西蓝花和玉米粒。

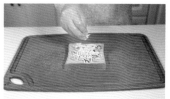

4 均匀地铺上马苏里拉芝士碎。

5 烤箱预热至200℃，将比萨放入烤箱中层，烤15分钟。

6 取出后，表面均匀地撒上现磨黑胡椒碎。

--- 烹饪妙招 ---

1. 如果家中没有梅森罐，可以用勺子慢慢压出凹洞。
2. 各家烤箱的温度会有差别，烘烤时要注意观察，当芝士完全熔化，比萨颜色稍稍变深时，基本就烤好了。
3. 也可以把火腿丝换成虾仁，西蓝花换成玉米粒，味道清甜自然，也是不错的搭配。

鲜蔬厚蛋烧

(低油) (少盐) (高钙) (饱腹)

扫一扫，跟着做

— 减脂贴士 —

蛋饼卷上菠菜和胡萝卜等新鲜蔬菜，能为身体补充蛋白质和维生素，易饱腹，制作过程中少油低盐，适合健身与减脂人群食用。

总热量 🔥
390千卡

⧗ 15分钟

👤 1人份

⚖ 食材及热量

鸡蛋3个	260千卡
菠菜50克	10千卡
胡萝卜30克	10千卡
黑芝麻20克	110千卡

🍶 配料

盐	适量
橄榄油	适量

🍲 步骤

1 胡萝卜洗净,切成细丝;菠菜洗净。

2 锅中倒入水,大火煮沸,加入盐,放入胡萝卜丝焯烫1分钟,捞出沥干。

3 锅中继续放入菠菜,焯烫1分钟,捞出沥干。

4 碗中打入鸡蛋,加入盐,搅打均匀。

5 锅中刷上一层橄榄油,中小火加热,倒入一半蛋液铺平至凝固,蛋饼两边分别放上菠菜和胡萝卜丝。

6 蛋饼分别从两头有蔬菜的地方向中间卷起,放在锅边,用锅铲定型。

7 锅中刷上一层橄榄油,倒入剩下的蛋液,均匀摊平。

8 蛋液基本凝固后,均匀撒上黑芝麻,从蛋饼一边卷起。

9 蛋卷出锅放凉,切成4等份。

--- 烹饪妙招 ---

在搅匀蛋液后,缓缓倒入20克牛奶,一边倒入一边搅拌均匀,这样做出的鸡蛋卷口感更加嫩滑。

蛋皮芝士饭卷

少油　低脂　供能　饱腹

扫一扫，跟着做

— 减脂贴士 —

鸡蛋和米饭的"相遇"可不一定是高热量的蛋炒饭。蛋皮饭卷不仅热量低，还能饱腹，包上自己喜欢的蔬菜和坚果，又是美味的一顿早餐。

⚖ 食材及热量

米饭 150克	170千卡
鸡蛋 2个	170千卡
胡萝卜 30克	10千卡
香松粉 20克	60千卡
芝士 2片	
（约30克）	60千卡

🍶 配料

寿司醋	适量
盐	适量
橄榄油	适量
水淀粉	适量

🍳 步骤

1 蒸锅中倒入水，大火煮沸，放入冷的白米饭，隔水加热5分钟至回温。

2 胡萝卜洗净，切成细丝。

3 碗中放入米饭、香松粉、盐和寿司醋，翻拌均匀。

4 鸡蛋打散，可加少许盐和水淀粉，这样蛋皮薄而不易破。

5 锅中刷上一层薄薄的橄榄油，中火加热。

6 转小火，倒入蛋液，均匀摊成一张鸡蛋皮，煎好后翻面。

7 依次放上2片芝士，拌好的米饭均匀平铺在鸡蛋皮上。

8 胡萝卜丝放在鸡蛋皮的一端，从鸡蛋皮的一端，轻轻地把鸡蛋皮卷起来，包上牛皮纸固定后切开。

番茄车仔面

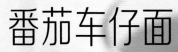

(少油) (炖煮) (低脂) (开胃)

扫一扫，跟着做

— 减脂贴士 —

番茄的维生素C含量较高，在补充维生素的同时，还有一定的美白作用，无论是做菜还是当加餐，都是很好的选择。

总热量 🔥 **455千卡**

⏳ 20分钟

👤 2人份

⚖ 食材及热量

车仔面150克	200千卡
鸡蛋1个	80千卡
午餐肉40克	90千卡
生菜叶2片	
（约30克）	5千卡
番茄1个	
（约110克）	20千卡
鱼丸3或4个	
（约60克）	60千卡

🍶 配料

橄榄油	适量
盐	适量

🍲 步骤

1 蒸蛋器中放入水和鸡蛋，把鸡蛋蒸熟，用凉水浸泡，剥壳后竖着对半切开。

2 午餐肉切成0.5厘米的厚片；番茄洗净，切成小块。

3 锅中倒入适量橄榄油，大火加热，放入番茄块煸炒出浓汁，再加适量热水烧番茄汤。

4 加入车仔面和鱼丸，加入盐煮熟。

5 碗边铺上生菜叶，盛入车仔面，淋上番茄汤，放入午餐肉，放入做好的鱼丸和鸡蛋。

--- 烹饪妙招 ---

1. 蒸蛋器能很好地控制鸡蛋的熟嫩程度，鸡蛋也不容易破壳。
2. 如果家里没有车仔面，番茄汤中也可以放入拉面、土豆粉或米线一起煮，味道也不错。

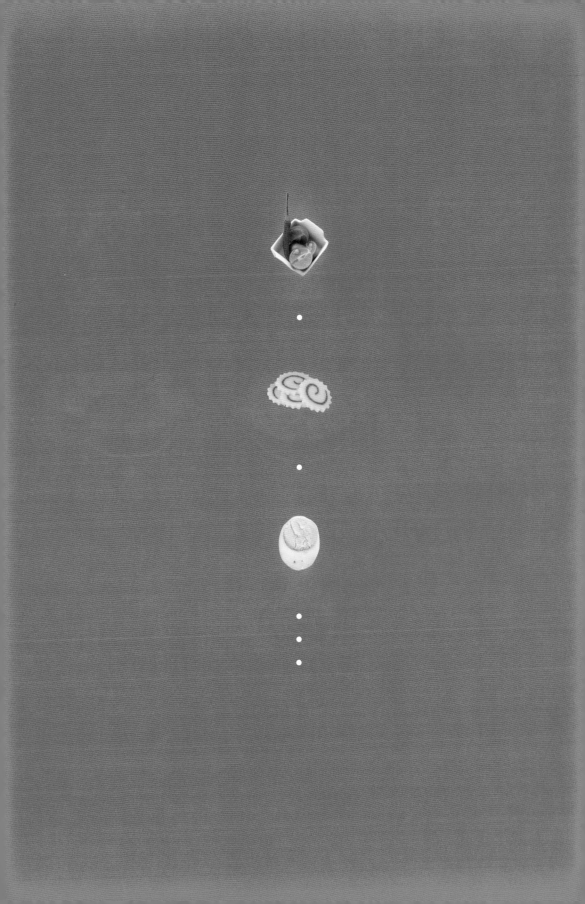

不长肉

饱腹午餐

健康瘦身营养要点

- 蛋白质食物是身体的"高效燃料"

蛋白质食物建议选择禽类、鱼虾贝类等白肉，
适量搭配瘦红肉，有效补充铁和钙等营养素，
能量更加充沛，日间工作效率更高。

- 简简单单做便当，减油控糖无负担

煎炸烹制的食物很容易使身体发胖，
食物的烹饪方式越简单越好，
自制便当可携带杂蔬饭团等，
低脂又营养，也方便加热。

- 在外就餐，喝汤宜适量

汤面鲜润，温热的汤水也有利于舒缓情绪，
配菜选择鱼虾和蔬菜，抛弃肥甘厚腻的佐菜，
吃面少喝汤，饱腹却不长肉。

虾尾饭团

少油　低盐　低脂　饱腹

扫一扫，跟着做

― 减脂贴士 ―

紫米饭的膳食纤维含量高于白米饭，搭配鲜虾、蔬菜，营养均衡也易饱腹，作为午餐便当，能延缓下午的饥饿感。

总热量 💧
460 千卡

⏳ 20分钟

👤 2人份

⚖️ **食材及热量**

紫米饭 50 克	90 千卡
米饭 100 克	110 千卡
鲜虾 6 只	
(约 180 克)	150 千卡
胡萝卜 30 克	10 千卡
香芹 30 克	10 千卡
马苏里拉芝士碎 30 克	
	90 千卡

🍶 **配料**

盐	适量
橄榄油	适量

🍲 **步骤**

1️⃣ 锅中倒入水,放入鲜虾煮5分钟,煮熟后捞出过清水再沥干。

2️⃣ 鲜虾冷却后,去掉虾头,剥去虾壳,保留虾尾最顶端部分。

3️⃣ 胡萝卜和香芹洗净,切成碎末。

4️⃣ 碗中放入米饭、紫米饭、胡萝卜末和香芹末,加入盐调味,翻拌均匀。

5️⃣ 拌好的米饭分为6份,平铺在手心,放入1个虾尾和适量马苏里拉芝士碎,将米饭裹住大部分虾肉,捏成圆球形饭团,只露出虾尾。

6️⃣ 章鱼丸子锅中刷上一层橄榄油,中小火加热,放入饭团,及时翻转各面,煎至饭团热透、芝士熔化。

--- 烹饪妙招 ---

1. 本餐创意来自凤尾虾球,不过凤尾虾球是用油炸的,热量较高。做成虾尾饭团,饱腹且低热量,配上番茄酱或者甜辣酱,风味更佳。
2. 饭团一定要用力捏紧,以免在煎制过程中散开。

火腿芝士小饭团

扫一扫，跟着做

(少油) (低盐) (增肌) (饱腹)

— 减脂贴士 —

蔬菜末和肉末的搭配，简单的食材有着令人愉悦的口感，低油少盐依然鲜美可口，而且不会给身体带来过多的负担。

总热量 🔥
450千卡

⏳ 20分钟

👤 2人份

⚖️ 食材及热量

米饭180克	200千卡
火腿2片	60千卡
西蓝花40克	10千卡
胡萝卜30克	10千卡
黑芝麻20克	110千卡
马苏里拉芝士碎20克	
	60千卡

🧂 配料

盐	适量
橄榄油	适量

🍲 步骤

1 锅中倒入水，放入洗净的西蓝花和胡萝卜，焯水后捞出沥干。

2 火腿、西蓝花和胡萝卜切成碎末。

3 碗中放入米饭、火腿末、西蓝花末、胡萝卜末和黑芝麻。

4 加入盐，翻拌均匀。

5 拌好的米饭分为8等份，平铺在手心，中心处按凹，放入马苏里拉芝士碎，捏成圆球形。

6 章鱼丸子锅中刷上一层橄榄油，大火加热后转中小火，放入饭团，加热均匀。

--- 烹饪妙招 ---

1. 煮饭的时候可以在大米里放一些糯米和紫米，做出来的饭团不仅黏性大，颜色好看，营养也会更丰富。

2. 蔬菜和米饭的比例要注意，如果用糯米饭，因为黏性大，容易搓成圆球形，所以可以多放一些蔬菜。如果是干硬的隔夜米饭，蔬菜放太多，饭团容易松散，可以隔水加热米饭，以增加黏性。

杬果三角饭团

无油　低盐　饱腹　供能

扫一扫，跟着做

减脂贴士

坚果富含不饱和脂肪酸，这让饭团的营养变得更丰富，加入水果粒后饭团口感更清爽；蔓越莓干建议选择无糖的，更有利于控糖减脂。

总热量 🔥
530 千卡

10分钟

2人份

⚖️ 食材及热量

米饭 150 克	170 千卡
杞果 40 克	10 千卡
坚果 20 克	120 千卡
蔓越莓干 20 克	60 千卡
黑芝麻碎 30 克	170 千卡

🧴 配料

低脂沙拉酱	适量

🍲 步骤

1 蒸锅中倒入水，大火煮沸，隔水加热米饭 5 分钟。

2 杞果去皮，切成小丁；坚果和蔓越莓干切碎。

3 碗中依次放入米饭、杞果丁、坚果碎和蔓越莓干，翻拌均匀。

4 加入低脂沙拉酱，翻拌均匀。

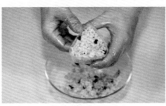

5 拌好的米饭分为 4 等份，分别放入三角模具中，铺平压实。

6 取出饭团，三个侧面均匀蘸上黑芝麻碎。

烹饪妙招

1. 不建议使用杂粮米饭，杂粮米饭的黏性小，容易松散，较难捏成团。
2. 隔夜米饭加热时一定要加盖，这样米饭才会恢复原来的弹性和黏性，口感才会更好。
3. 坚果用家里现有的，核桃仁、花生仁、腰果仁或杏仁都可以，用搅拌机打成颗粒状或者直接捣碎，取少量拌入米饭即可。

金枪鱼三角饭团

扫一扫，跟着做

— 减脂贴士 —

金枪鱼是高蛋白低脂肪的食材，罐装的金枪鱼尽量选择原味的；酸甜可口的红姜可以驱寒暖胃，作为佐料，让饭团的口感也变得更有层次。

总热量 🔥
370千卡

10分钟　　2人份

🥣 食材及热量

米饭150克	170千卡
黑芝麻20克	110千卡
金枪鱼60克	60千卡
海苔片10克	30千卡

🧂 配料

寿司醋	适量
红姜	适量

🍲 步骤

1 蒸锅中倒入水,大火煮沸,隔水加热米饭5分钟。

2 米饭放至常温,加入寿司醋和黑芝麻,翻拌均匀,分为4等份。

3 取适量米饭放入三角模具中压实后,加入金枪鱼,铺平压实。

4 加入米饭至满,铺平压实。

5 取出三角饭团,贴上海苔片,其他3个饭团做法相同,装盘后放入红姜。

┌── **烹饪妙招** ──┐

1. 保存隔夜米饭需要用封闭的饭盒,防止米饭风干。如果米饭风干了,建议隔水蒸,让米饭恢复一定的弹性。

2. 建议选用盐水浸的金枪鱼罐头,热量更低,也更健康。

午餐肉小饭墩

 无油　 低盐　供能　饱腹

扫一扫，跟着做

— 减脂贴士 —

这是一个基础版的
饭墩，可以在米饭
中放入适量切碎的
牛油果丁，营养和
口感都能得到提升。
这款饭团还可以搭
配红姜。

总热量 🔥
350千卡

⏳ 10分钟

👤 2人份

⚖️ 食材及热量

米饭90克	100千卡
紫米饭45克	80千卡
午餐肉60克	140千卡
海苔片10克	30千卡

🧂 配料

香松粉	适量
寿司醋	适量

🍲 步骤

1 蒸锅中倒入水,大火煮沸,隔水加热米饭5分钟。

2 午餐肉切成约0.5厘米的厚片。

3 碗中放入米饭,加入香松粉和寿司醋,翻拌均匀。

4 午餐肉盒子铺上保鲜膜,放入15克紫米饭,铺平压实。

5 加入30克米饭,铺平压实。

6 将裹着保鲜膜的饭团取出,再将保鲜膜展开,顶面盖上一块午餐肉。

7 贴上海苔片,固定住饭团,其他饭墩同样操作。

烹饪妙招

也可以将午餐肉的盒子作为饭墩的模具。饭墩脱模有两个办法,一是用保鲜膜铺垫盒子,二是在盒子里抹一层薄油。

香松培根饭卷

少油　低盐　低脂　饱腹

扫一扫，跟着做

— 减脂贴士 —

午餐摄入足量的碳水化合物，才能让身体有足够的能量，米饭搭配培根和胡萝卜，口感更佳，营养也更均衡。

总热量 🔥 **510千卡**　20分钟　2人份

⚖ 食材及热量

米饭150克	170千卡
胡萝卜30克	10千卡
黑芝麻10克	50千卡
马苏里拉芝士碎20克	
	60千卡
培根6片	220千卡

🧴 配料

香松粉	适量
盐	适量
橄榄油	适量

🍲 步骤

1 胡萝卜洗净，切成碎末。

2 碗中放入米饭、香松粉、胡萝卜末和黑芝麻，翻拌均匀。

3 加入盐和马苏里拉芝士碎，翻拌均匀。

4 拌好的米饭分为6等份，捏成圆柱形。

5 用培根卷住米饭，用牙签把封口处固定，剪掉牙签多余的部分。

6 锅中刷上一层橄榄油，中小火加热，放入培根饭卷，煎至微焦。

烹饪妙招

1. 尽量用长条培根，卷饭团的时候比较方便，用短培根很难定型。
2. 油煎培根卷时，要用中小火慢煎，不要太心急，及时翻动，确保每个面都可以煎到。
3. 培根饭卷装盘时，要将厨房纸垫在盘底，以吸掉多余的油脂；可以根据个人喜好在饭卷上装饰薄荷叶和青柠檬片。

咸蛋黄肉松蒸饭

（少油）（少盐）（供能）（饱腹）

扫一扫，跟着做

— 减脂贴士 —

自制蒸饭可以再加
入紫米或糙米等米
类，营养更丰富；
加入油条和咸鸭蛋
主要是为了佐味，
可以用低油煎鸡蛋
替换，一样美味又
可以控制油脂的摄
入量。

总热量 🔥
960千卡

30分钟

2人份

📊 食材及热量

糯米80克	280千卡
肉松20克	80千卡
黑芝麻20克	110千卡
自制油条1根	
（约70克）	270千卡
咸鸭蛋黄2个	
（约60克）	220千卡

🍲 步骤

1 糯米提前用冷水浸泡2小时。

2 蒸锅中倒入水，大火煮沸，隔水蒸糯米20分钟至熟。

3 咸鸭蛋黄压成碎末。

4 平铺寿司席，糯米饭平铺在保鲜膜上，铺成长方形。

5 黑芝麻、咸蛋黄末、肉松依次平铺在糯米饭上，油条放在糯米饭一边，拎起保鲜膜一头，从放油条的一端开始卷起，把蒸饭卷紧，用牛皮纸包住蒸饭固定，对半切开。

┌─ **烹饪妙招** ─┐

1. 糯米饭可以提前一晚蒸好，但是要密封保存，不然会变干硬，不再软糯。第二天提前回锅蒸热，味道才好。

2. 如果觉得油条和咸鸭蛋黄的热量过高，也可以选择个放。替换成日式萝卜条口感也很好。

多彩菠萝饭

少油　供能　开胃　高钙

扫一扫，跟着做

— 减脂贴士 —

菠萝中富含的膳食纤维有益消化，更有助于减脂；选择不粘平底锅炒饭可以有效减少炒饭的用油量。

总热量 🔥
620千卡

20分钟

2人份

⚖ 食材及热量

米饭150克	170千卡
虾仁100克	200千卡
菠萝50克	20千卡
青豆50克	190千卡
胡萝卜30克	10千卡
葡萄干10克	30千卡

🧴 配料

橄榄油	适量
盐	适量

🍲 步骤

1 菠萝去皮取肉，切成丁；青豆煮熟，备用。

2 胡萝卜洗净，切成小丁；虾仁洗净，去除虾线。

3 锅中倒入橄榄油，中火加热，放入虾仁、青豆和胡萝卜丁翻炒。

4 转小火，倒入米饭，不停翻炒至米粒松散。

5 加入菠萝丁和葡萄干，不停翻炒至菠萝香味渗透米饭，加入盐，翻炒均匀后出锅。

烹饪妙招

1. 选择刚成熟的菠萝较好，过熟的菠萝汁水多，肉质软，翻炒的过程中易变软烂。

2. 炒饭要选择煮得硬一些的米饭（推荐隔夜米饭），水分不要过多，这样炒出来的米饭才会颗粒分明。

火腿土豆三明治

少油　蒸煮　低盐　饱腹

扫一扫，跟着做

— 减脂贴士 —

蒸好的土豆片比油炸土豆片热量低很多；蛋黄酱只用以佐味，可以用其他酱料替代，也可以直接撒上适量现磨黑胡椒碎调味。

总热量 🔥
575千卡

⏳ 20分钟

👤 1人份

⚖️ 食材及热量

吐司2片	280千卡
火腿2片	60千卡
鸡蛋2个	170千卡
土豆50克	40千卡
番茄1个	20千卡
生菜叶2片	5千卡

🧂 配料

蛋黄酱	适量

🍲 步骤

1 火腿对半切成长片；番茄洗净，对半切成薄片。

2 土豆洗净，去皮，切成薄片；生菜叶洗净。

3 蒸锅中倒入水，大火煮沸，放入土豆片和鸡蛋，蒸10分钟。

4 鸡蛋放凉后，去壳，切成厚度约为0.5厘米的片。

5 锅中火加热，放入吐司片，双面各加热1分钟。

6 吐司挤上蛋黄酱，铺上生菜叶、火腿片、土豆片、鸡蛋片、番茄片，再铺上生菜叶，挤上蛋黄酱。

7 包上牛皮纸包并系紧，用刀从中部切开。

烹饪妙招

要想吐司吃起来更醇香，可以用少量黄油双面煎至微微焦黄。

照烧鸡肉三明治

 少油　低盐　增肌　饱腹

扫一扫，跟着做

— 减脂贴士 —

鸡胸肉富含优质蛋白质，玉米笋清甜鲜嫩，热量也不高，两者组合在一起，荤素均衡，口感也更加美味可口。

总热量 🔥
430 千卡

30分钟

1人份

🔲 食材及热量

吐司2片	280千卡
鸡胸肉100克	130千卡
玉米笋50克	10千卡
生菜叶4片	10千卡

🍶 配料

大蒜	2瓣
照烧酱	适量
橄榄油	适量
黄油	适量
现磨黑胡椒碎	适量

🍲 步骤

1 大蒜去皮，洗净，切成薄片；生菜叶洗净。

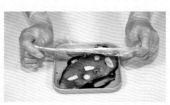

2 鸡胸肉均匀抹上照烧酱，两面贴上蒜片，包上保鲜膜，腌制一夜。

3 锅中刷上一层橄榄油，中小火加热，放入鸡胸肉，煎至双面微焦，取出切条。

4 锅中放入玉米笋，中小火煎2分钟至熟，盛出。锅洗净，擦干水。

5 锅用小火加热，放入黄油熔化后，放入吐司片煎至双面微焦。

6 吐司盛出，依次铺上生菜叶、鸡胸肉条和玉米笋。

7 撒上现磨黑胡椒碎，盖上另一片吐司片。

烹饪妙招

1. 鸡胸肉用油煎之前，用厨房纸吸干多余水分，可以防止煎时溅油。

2. 煎好的鸡胸肉，用厨房纸吸取多余的油脂，以减少油脂的摄入量。

咖喱鲜虾土豆粉

少油　少盐　低糖　饱腹

扫一扫，跟着做

— 减脂贴士 —

咖喱既能增进食欲，
又能增强机体消化
能力，搭配鲜虾和
新鲜时蔬，补充膳
食纤维，促进减脂。

总热量 🔥 **615千卡**　　⏳ 20分钟　　👤 2人份

⚖ 食材及热量

土豆粉150克	190千卡
鱼丸2个	40千卡
胡萝卜30克	10千卡
生菜叶2片	5千卡
洋葱30克	10千卡
咖喱块30克	160千卡
鲜虾3只	80千卡
小香肠2个	100千卡
鹌鹑蛋1个	
（约10克）	20千卡

🍶 配料

橄榄油	适量

🍲 步骤

1 洋葱洗净，切丝；胡萝卜洗净，切成块；鹌鹑蛋用蒸蛋器蒸熟，凉水浸泡后，去壳，对半切开。

2 锅中刷上一层橄榄油，中火加热，放入洋葱丝和胡萝卜块煸炒出香味。

3 倒入热水，加入咖喱块，转大火煮3分钟。

4 加入土豆粉、鱼丸、小香肠和鲜虾，一同煮2分钟至熟。

5 生菜叶洗净，铺在碗边，盛入土豆粉等食材，放上鹌鹑蛋。

烹饪妙招

1. 直接买现成的咖喱块比较方便，只是加水做成汤后，味道会减淡，可以根据个人的口味，加一些盐来调整味道。

2. 咖喱粉的味道稍显单一，需搭配提鲜的调味料，用咖喱块替代咖喱粉味道更鲜。

3. 鹌鹑蛋蒸熟后，立刻用冷水冲凉，这样壳很容易剥下来，而且不容易破皮。

鱼丸冬阴功河粉

扫一扫，跟着做

少油　煎煮　开胃　供能

— 减脂贴士 —

河粉易消化，可以
迅速为身体提供能
量。冬阴功汤酸辣
可口，新鲜食材调
味，更能促进消化。

总热量 🔥
625千卡

⏳ 20分钟

👤 2人份

⚖️ 食材及热量

河粉100克	360千卡
鲜虾3只	80千卡
番茄1个	20千卡
椰奶10毫升	5千卡
冬阴功酱20克	40千卡
草菇5个	
（约50克）	10千卡
鱼丸3个	60千卡
鱼豆腐3个	
（约45克）	40千卡
青柠檬半个	10千卡

🍶 配料

橄榄油	适量
盐	适量

🍲 步骤

1️⃣ 番茄和草菇洗净，切成小块；红尖椒洗净，斜切成薄片；青柠檬洗净，切片。

2️⃣ 锅中刷上一层橄榄油，中火加热，放入番茄块，煸炒3分钟至番茄出汁。

3️⃣ 放入处理干净的鲜虾，炒至虾完全变红。

4️⃣ 倒入600毫升热水，放入冬阴功酱，煮3分钟。

5️⃣ 放入草菇、鱼丸、鱼豆腐和河粉，继续煮5分钟。

6️⃣ 加入盐和椰奶，搅拌均匀。如果喜欢清淡的汤汁，可不放椰奶。

7️⃣ 盛出河粉，根据口味，装饰上青柠檬片。

烹饪妙招

青柠檬片不仅可以用来装饰，还可以在冬阴功汤的酸味不够时，挤一些青柠汁增加酸度，喜欢酸辣口味的，可以多挤一些。

塔吉锅肉末米线

少油　煎煮　饱腹　供能

扫一扫，跟着做

— 减脂贴士 —

米线饱腹感强，为身体供能，增强活力，为了减少碳水化合物的摄入量，可以搭配瘦肉、蔬菜、蛋类来均衡营养。

总热量 760千卡

20分钟

2人份

🍳 食材及热量

米线100克	350千卡
猪瘦肉糜150克	210千卡
鹌鹑蛋3个	50千卡
韭菜50克	10千卡
酸菜50克	10千卡
绿豆芽30克	10千卡
熟花生米20克	120千卡

🍶 配料

大蒜	3瓣
红尖椒	1个
橄榄油	适量
盐	适量
红油辣酱	适量

🍲 步骤

1 韭菜洗净,切段;红尖椒洗净,斜切段;大蒜去皮,洗净,切片。

2 绿豆芽洗净;鹌鹑蛋用蒸蛋器蒸熟,凉水浸泡后,去壳,对半切开。

3 锅中刷上一层橄榄油,中火加热,放入大蒜片和尖椒段爆香,再加入猪瘦肉糜炒香。

4 倒入600毫升热水,放入酸菜。

5 放入米线煮3分钟,加入盐。

6 倒入红油辣酱,加入韭菜和绿豆芽,转中火继续煮3分钟。

7 煮好的汤倒入塔吉锅中再煮沸,加入鹌鹑蛋和熟花生米。

— 烹饪妙招 —

塔吉锅也称微压锅,保温性能很好,不适合煮面条和馄饨等面食,否则容易糊。

71

腊肠什锦米粉

少油　小炒　低盐　养胃

扫一扫，跟着做

— 减脂贴士 —

广式腊肠口感鲜甜，能让口感平凡的米粉变得有滋有味，烹制时可以减少用油量，能更好地控制热量摄入。

总热量 🔥 **760千卡**　　20分钟　　2人份

🔲 食材及热量

米粉100克	350千卡
鸡蛋1个	80千卡
广式腊肠50克	290千卡
洋葱50克	20千卡
绿豆芽30克	10千卡
胡萝卜30克	10千卡

🍶 配料

橄榄油	适量
生抽	适量
葱	适量
盐	适量

🍲 步骤

1 米粉提前用温水浸泡1小时，捞出沥干；绿豆芽洗净备用。

2 广式腊肠切片；洋葱、胡萝卜洗净，切丝；葱洗净，切末。

3 碗中打入鸡蛋，搅打均匀。

4 锅中刷上一层橄榄油，中火加热，倒入蛋液，炒成鸡蛋块，盛出。

5 锅中刷上一层橄榄油，放入洋葱丝，煸炒1分钟，爆出香味。

6 加广式腊肠片、胡萝卜丝、绿豆芽、米粉和鸡蛋块，翻炒3分钟。

7 翻炒均匀后加入生抽，撒上葱末和盐，再次翻炒均匀。

⌐ 烹饪妙招

1. 米粉在炒前用40℃温水浸泡，这样做出来的米粉不易糊，且不易断。

2. 鸡蛋提前从冰箱取出放至常温，蛋液搅打充分，这样炒出的鸡蛋口感更嫩滑。

西葫芦黄金饼

少油　供能　润肠　饱腹

扫一扫，跟着做

— 减脂贴士 —

西葫芦富含维生素，具有清热利尿的作用，可以作为减脂瘦身的优质蔬菜食用，吃起来清爽鲜香。

总热量 🔥
560 千卡

⏳ 20分钟

👤 2人份

⚖ 食材及热量

西葫芦 150 克	30 千卡
鸡蛋 3 个	260 千卡
面粉 60 克	220 千卡
紫甘蓝 30 克	10 千卡
胡萝卜 30 克	10 千卡
红彩椒 30 克	10 千卡
牛奶 40 毫升	20 千卡

🧴 配料

盐	适量
现磨黑胡椒碎	适量
葱	适量
橄榄油	适量

🍲 步骤

1 西葫芦洗净，切成细丝，加盐搅拌均匀，腌制约5分钟。

2 葱洗净，切成末；紫甘蓝、胡萝卜和红彩椒洗净，切成细丝。

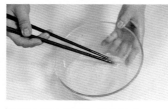

3 碗中打入鸡蛋，搅打均匀。

4 加入过筛的面粉、西葫芦丝、紫甘蓝丝、胡萝卜丝、红彩椒丝和葱末，搅拌均匀。

5 加入盐和现磨黑胡椒碎，倒入牛奶，搅拌均匀。

6 锅中刷上一层橄榄油，中小火加热。

7 油热后倒入面糊摊平，盖上锅盖，焖煎至全熟。

┌─── **烹饪妙招** ───

西葫芦水分较多，切（刨）成细丝、加盐腌制后，多余的水分会自动渗出，这样做饼时，就不会因为出水影响口感了。

鱼丸沙茶面

少油　水煮　纤体　提神

扫一扫，跟着做

— 减脂贴士 —

微微甜辣的沙茶面营养丰富，用鲜虾和菌类来代替过多的调料，有助于控制热量摄入。

总热量
420千卡

 20分钟

 2人份

🍳 步骤

🍲 食材及热量

拉面150克	250千卡
鲜虾2只	50千卡
鹌鹑蛋1个	20千卡
熟玉米粒20克	20千卡
洋葱30克	10千卡
鱼丸3个	60千卡
鲜香菇2朵	
（约30克）	10千卡

🍶 配料

沙茶酱	适量
橄榄油	适量
盐	适量

1 洋葱洗净，切成丁；香菇洗净，切成薄片；鹌鹑蛋用蒸蛋器蒸熟，凉水浸泡后，去壳，对半切开。

2 锅中倒入橄榄油，中火加热，放入洋葱丁爆香，加入处理干净的鲜虾、香菇片，煸炒2分钟。

3 倒入500毫升热水，中火煮3分钟。

4 加入鱼丸和拉面，继续煮3分钟。

5 加入沙茶酱和盐，搅拌均匀。

6 盛出面条和锅中煮好的其他食材，放入熟玉米粒和鹌鹑蛋。

烹饪妙招

1. 本书中使用的是罐装即食玉米粒，很方便。如果是冰冻的玉米粒，需要先化冻，再和面条一起煮熟。
2. 此处用了50克沙茶酱，味道浓郁，具体用量可按个人口味调整。

骨汤拉面

低油　水煮　养胃　饱腹

扫一扫，跟着做

— 减脂贴士 —

骨汤去过油后，油脂就能减少一些，用来煮面更清淡。这一碗食材丰富的拉面可以吃得很饱，却不用担心发胖。

总热量 🔥 **660千卡** ⏳ 20分钟 👤 2人份

⚖️ 食材及热量

拉面150克	250千卡
骨汤500毫升	100千卡
鸡蛋1个	80千卡
火腿2片	60千卡
虾仁50克	100千卡
熟玉米粒30克	30千卡
海苔片5克	20千卡
鱼板20克	20千卡

🍶 配料

盐	适量
香松粉	适量

🍲 步骤

1 蒸蛋器中放入水和鸡蛋，把鸡蛋蒸熟，凉水浸泡后，去壳。

2 鸡蛋对半切开，鱼板切成薄片；火腿切片；虾仁洗净，去除虾线。

3 锅中倒入水，大火煮沸，放入拉面煮8分钟，面煮熟后捞起，放入碗中。

4 另起一锅，倒入骨汤煮沸，放入虾仁和鱼板片一起煮3分钟，加入盐。

5 将锅中的食材带汤盛入碗中，放入火腿片、熟玉米粒、鸡蛋和海苔片。

6 撒上香松粉。

烹饪妙招

1. 前一天没有吃完的骨汤，可以煮拉面、馄饨等，天冷时，一碗热腾腾的骨汤面，吃得全身暖和。把骨头汤放在冰箱冷藏几小时，上面会形成白色的油脂层，将这层油脂去掉，热量更低。

2. 喜欢芝士的朋友，在面条刚出锅时，趁热放一片芝士片，使芝士熔化，吃的时候拉丝口感很好。

鸡汤荞麦面

低油 水煮 低脂 养胃

扫一扫，跟着做

— 减脂贴士 —

荞麦的血糖生成指数较低，饱腹感强，搭配鸡汤和菌菇调味，可不再加入油和其他重口味的调料，以减少油脂摄入。

总热量
655千卡

20分钟 1人份

食材及热量

荞麦面100克	340千卡
鸡汤500毫升	130千卡
熟鸡肉丝50克	80千卡
虫草花20克	70千卡
水发木耳20克	10千卡
鲜香菇1朵	5千卡
鹌鹑蛋1个	20千卡

配料

葱	适量
盐	适量

步骤

1 鹌鹑蛋用蒸蛋器蒸熟，凉水浸泡后，去壳，对半切开；葱洗净，切成末。

2 锅中倒入鸡汤，大火煮沸，放入荞麦面，煮5分钟，煮熟后捞出沥干。

3 放入熟鸡肉丝、虫草花、木耳和鲜香菇，加入盐，煮3分钟。

4 将荞麦面捞入碗中，再将其他食材带汤盛入碗中。

5 放入葱末和鹌鹑蛋。

烹饪妙招

1. 熬制鸡汤时可以事先将鸡皮去掉，能够减少鸡汤中的油脂。隔夜鸡汤从冰箱保鲜室取出时，建议将上层的油撇掉再使用。

2. 直接把面条放在鸡汤里煮，容易煮糊，汤也不清爽。使用一个锅下面，一个锅煮汤调味，最后再把面条放到清汤里，才能做出一碗清爽的鸡汤荞麦面。

海鲜墨鱼汁面

  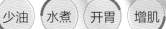

少油　水煮　开胃　增肌

扫一扫，跟着做

── 减脂贴士 ──

虾仁和鱿鱼圈口味
鲜美，又富含优质
蛋白质，再搭配上
健康时蔬，可以提
高身体的代谢。调
味品的选择以去腥
增香为准，用量可
根据个人口味调整。

总热量 🔥
620千卡

⏳ 30分钟

👤 1人份

⚖ 食材及热量

墨鱼汁面 150克	460千卡
虾仁 50克	100千卡
鱿鱼圈 50克	40千卡
洋葱 30克	10千卡
芦笋 40克	10千卡

🫙 配料

迷迭香	2根
盐	适量
橄榄油	适量
现磨黑胡椒碎	适量
海盐	适量

🍲 步骤

1 芦笋洗净，斜切成小段；洋葱洗净，切成小丁；虾仁洗净，去除虾线。

2 锅中倒入水，大火煮沸，加入盐，放入墨鱼汁面，煮10分钟，煮熟后捞出沥干。

3 锅中继续放入虾仁、鱿鱼圈，煮熟后捞出沥干。

4 另起一锅，刷上一层橄榄油，中火加热，放入洋葱丁爆香。

5 加入鱿鱼圈、虾仁和芦笋段，翻炒2分钟。

6 加入墨鱼汁面，翻拌均匀。

7 加入海盐、现磨黑胡椒碎，翻拌均匀。

8 装盘，放入迷迭香。

─ 烹饪妙招 ─

1. 正宗的墨鱼汁面是用意大利面和新鲜的墨鱼汁制作的，在家制作时，墨鱼汁面和鱿鱼圈在超市买现成的即可。

2. 煮墨鱼汁面的水和盐重量比为100 : 1，加盐可以让面更有弹性、更筋道，炒面的时候也不会粘连。煮其他面时，加盐量也参照此比例。

黑森林南瓜贝壳面

 少油 小炒 开胃 饱腹

扫一扫，跟着做

— 减脂贴士 —

南瓜作为粗粮的代表食材之一，热量低但饱腹感强，采用蒸、煮等健康的烹饪方式，尽可能地保持食材原有的味道。

总热量 🔥
680千卡

⏳ 30分钟

👤 2人份

⚖ 食材及热量

贝壳面100克	350千卡
南瓜100克	20千卡
黑森林香肠50克	90千卡
坚果碎30克	180千卡
熟豌豆30克	30千卡
熟白蘑菇30克	10千卡

🍶 配料

黑橄榄	1颗
橄榄油	适量
盐	适量
现磨黑胡椒碎	适量

🍲 步骤

1 锅中倒入水，大火煮沸，加入盐，放入贝壳面，煮10分钟，煮熟后捞出沥干。

2 南瓜洗净，去皮，切厚片，蒸熟后，用料理机打成南瓜泥。

3 黑森林香肠、白蘑菇洗净，切成薄片；黑橄榄切成薄片。

4 锅中刷上一层橄榄油，中火加热，放入香肠片、白蘑菇片和熟豌豆，翻炒至微焦。

5 加入南瓜泥和贝壳面，继续翻炒。

6 加入盐，撒上现磨黑胡椒碎，翻拌均匀，撒上坚果碎，加入黑橄榄片。

烹饪妙招

1. 煮贝壳面时，上面放一个蒸格同时蒸南瓜，可以缩短制作时间。
2. 建议选择老南瓜，水分少、淀粉含量高，做成的面汁口感更加绵密嫩滑。如果南瓜泥过于浓稠，可以加一些牛奶稀释。
3. 坚果碎直接用家里有的熟花生仁、腰果、杏仁即可。坚果碎一方面能使摄入的食物种类更加多样化，另一方面，还可以丰富口感。

青酱火腿螺旋面

扫一扫，跟着做

— 减脂贴士 —

这款低脂低糖的健身餐既可以现做现吃，又十分便携。酸奶和蔬果的组合，能够有效促进消化。

86

总热量🔥 660千卡 ⏳ 30分钟 👤 2人份

📋 食材及热量

意式螺旋面100克	350千卡
酸奶100毫升	70千卡
火腿2片	60千卡
圣女果6颗	30千卡
豌豆50克	50千卡
苦菊30克	20千卡
牛油果半个	
（约50克）	80千卡

🧂 配料

盐　　　　　　　　　　适量

🍲 步骤

1 火腿片切成小丁；圣女果洗净，对半切开备用。

2 锅中倒入水，大火煮沸，加入盐，放入意式螺旋面，煮熟后捞出沥干。

3 锅中放入豌豆，煮熟后捞出沥干。

4 牛油果去皮去核，切成小块。

5 牛油果放入料理机中，倒入酸奶一起打匀，制成牛油果酸奶酱。

6 梅森罐中依次放入牛油果酱、意式螺旋面、圣女果、豌豆和洗净的苦菊，最后放上火腿丁。再做第2份。

--- 烹饪妙招 ---

牛油果和酸奶一同打成果酱，清爽又不失水果味道，尤其适合夏天品尝。时间宽裕的话，稍稍冰冻一下，口感更凉爽。

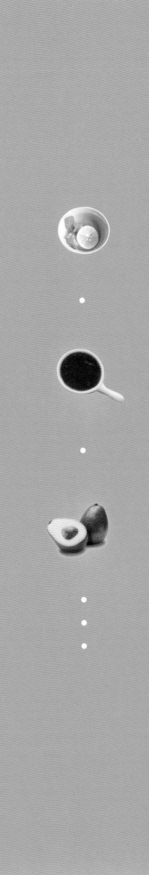

减脂晚餐

低热量

健康瘦身营养要点

● 蛋白质是肌肉增长的"原料"

缺乏蛋白质容易导致水肿型肥胖，
除了补充动物蛋白质，植物蛋白质也要适量吃，
用豆类代替部分主食，增加优质蛋白质的摄入。

● 健康地摄入碳水化合物

断主食"戒糖"并不可取，
增加全谷物的摄入量，燕麦、藜麦、糙米等适量吃，
晚餐拒绝甜食，少吃加工食品。

● 晚餐要少吃，但也不能饿

富含膳食纤维的蔬菜可增强饱腹感。
养成细嚼慢咽的习惯，减轻肠胃负担，
这样更利于消化吸收，睡眠质量也会更好。

秋葵虾仁蛋羹

少油　清蒸　增肌　高钙

扫一扫，跟着做

— 减脂贴士 —

蛋羹搭配上虾仁和秋葵，蛋白质与钙的含量更丰富，这样低脂少油的料理搭配少量杂粮饭就是简单而丰盛的晚餐。

总热量 🔥
340 千卡

⏳ 20分钟

👤 2人份

⚖️ **食材及热量**

鸡蛋2个	170千卡
秋葵2根	10千卡
虾仁80克	160千卡

🍶 **配料**

盐	适量
芝麻油	适量
生抽	适量

🍲 **步骤**

1 碗中打入鸡蛋，搅打均匀。

2 加入盐，倒入30毫升温水，一边倒水一边搅拌。

3 用滤网过滤蛋液，撇去表面的气泡。

4 秋葵洗净，切成薄片；虾仁洗净，去除虾线。

5 蛋液中放入秋葵片和虾仁。

6 碗上覆上一层保鲜膜。

7 蒸锅中倒入水，大火煮沸，放入装有蛋液的碗，大火蒸8分钟，取出后可淋上芝麻油和生抽。

─── 烹饪妙招 ───

1. 蛋液用滤网过滤后，撇去表面的气泡，这样蒸出来的蛋羹表面就不会有过多的小气孔。

2. 在蒸碗上覆上一层保鲜膜，可以避免锅中水蒸气滴入蛋羹中，留下凹凸的痕迹，轻松做出"镜面"鸡蛋羹。

罗勒牛排沙拉

扫一扫，跟着做

少油　低盐　补铁　润肠

— 减脂贴士 —

牛排的热量不高，又富含蛋白质；罗勒叶具有健胃助消化的作用。此款沙拉是减脂人群补充蛋白质和膳食纤维的优选。

30分钟

1人份

🍱 食材及热量

牛排150克	140千卡
罗勒叶30克	10千卡
抱子甘蓝30克	10千卡
玉米笋50克	10千卡
圣女果8颗	30千卡
生菜叶2片	5千卡

🍶 配料

黑橄榄	2颗
迷迭香	1根
橄榄油	适量
现磨黑胡椒碎	适量
黑胡椒酱	适量

🍲 步骤

1 抱子甘蓝洗净，对半切开；黑橄榄切成薄片。

2 圣女果洗净；生菜叶洗净，撕成小片。

3 锅中刷上一层橄榄油，中小火加热，放入牛排煎至双面微焦，放入迷迭香，煎出香味后，盛出。

4 继续油煎抱子甘蓝和玉米笋至微焦。

5 煎好的牛排用厨房纸吸掉多余油脂。

6 煎好的牛排稍冷却后切成长条形。

7 碗中放入生菜叶、罗勒叶、抱子甘蓝、圣女果、牛排条、玉米笋和黑橄榄片，撒上现磨黑胡椒碎，挤上黑胡椒酱。

烹饪妙招

1. 冰冻牛排早上提前放入冰箱冷藏室解冻，晚上就可以直接煎，比临时解冻口感更好。

2. 解冻好的牛排用厨房纸吸掉多余的水分，防止煎时油溅出来。

咖喱魔芋丝沙拉

少油　低盐　低脂　饱腹

扫一扫，跟着做

— 减脂贴士 —

魔芋丝热量很低，富含膳食纤维，饱腹感较强，适量食用有利于减脂瘦身，搭配蔬果和豆类，营养更均衡。

总热量 🔥
170千卡

⏳ 20分钟

👤 1人份

⚖ 食材及热量

魔芋丝100克	20千卡
鱿鱼圈100克	80千卡
抱子甘蓝30克	10千卡
圣女果8颗	30千卡
熟红腰豆40克	20千卡
冰草30克	10千卡

🍶 配料

咖喱酱	适量

🍲 步骤

1 抱子甘蓝和圣女果洗净，对半切开。

2 锅中倒入水，大火煮沸，放入抱子甘蓝、魔芋丝煮5分钟，煮熟后捞出沥干。

3 锅中继续放入提前解冻好的鱿鱼圈煮3分钟，煮熟后捞出沥干。

4 梅森罐中先倒入咖喱酱。

5 依次放入魔芋丝、抱子甘蓝、圣女果、熟红腰豆和鱿鱼圈。

6 最上层装饰上冰草。

烹饪妙招

1. 冰冻鱿鱼圈提前一夜放入冰箱冷藏室解冻，比临时解冻更方便。

2. 如果没有咖喱酱，可以将咖喱块和适量水一起煮成酱汁。但是不建议用咖喱粉，咖喱粉只是单纯的咖喱味道，需要自己加入配料综合调味，不好把握用量。

油桃法兰克福肠沙拉

少油　低盐　高纤　润肠

扫一扫，跟着做

— 减脂贴士

简单的烹饪，完整保留了食材的本初味道和营养。既有油桃的香甜气息、蔬菜的自然味道，也有法兰克福香肠的醇厚口感，十分清爽。

总热量 🔥
330千卡

⏳ 20分钟

👤 1人份

⚖️ **食材及热量**

法兰克福香肠100克
                    240千卡
紫甘蓝30克   10千卡
迷你胡萝卜50克   20千卡
熟红腰豆20克   10千卡
生菜叶4片   10千卡
油桃1个
（约100克）   40千卡

🍶 **配料**

现磨黑胡椒碎   适量
橄榄油   适量
沙拉酱   适量

🍲 **步骤**

1 法兰克福香肠斜切成薄片。

2 迷你胡萝卜洗净，斜切成薄片。

3 紫甘蓝洗净，切成细丝；油桃
洗净，切成薄片。

4 生菜叶洗净，撕成小片。

5 锅中刷上一层橄榄油，中小火
加热，放入香肠片和迷你胡萝卜
片，煎至微焦。

6 碗中放入生菜叶、油桃片、香
肠片、迷你胡萝卜片和紫甘蓝丝，
撒上现磨黑胡椒碎，点缀上红腰
豆。可搭配沙拉酱食用。

— 烹饪妙招 —

1. 法兰克福香肠味道偏清淡，没有过重的烟熏味，用橄榄油稍稍
   煎一下，可以提升香肠的味道和口感。
2. 用煎过香肠的油煎胡萝卜，可以去除胡萝卜的生味。

藜麦水果沙拉

扫一扫，跟着做

— 减脂贴士 —

藜麦不仅可以满足
人体基本营养需求，
而且具有很强的饱
腹感，是适合经常
食用的健康主食，
搭配各种新鲜水果，
做到味美的同时也
能补充营养。

总热量 🔥 430千卡 ⏳ 20分钟 👤 1人份

⚖ 食材及热量

酸奶150毫升	100千卡
三色藜麦50克	180千卡
牛油果半个	80千卡
圣女果8颗	30千卡
熟玉米粒30克	30千卡
橙子3片	
（约20克）	10千卡

🧂 配料

薄荷叶	适量

🍳 步骤

1 锅中倒入500毫升清水，放入三色藜麦，中大火煮10分钟。

2 藜麦煮熟后用滤网捞出沥干，冷却备用。

3 牛油果去皮去核，切成小块。

4 橙子洗净，切片；圣女果洗净，对半切开。

5 玻璃杯中倒入酸奶，放入牛油果块。

6 加入三色藜麦、圣女果和熟玉米粒，放上橙子片，装饰上薄荷叶。

烹饪妙招

藜麦煮熟的标志是"发芽"，就是一圈圈白色的胚芽被煮出来的时候。三色藜麦由白、红、黑三种藜麦搭配而成。白藜麦没有种皮，最容易煮熟，呈现白色。而红、黑藜麦种皮带有颜色，口感更有韧性。

99

鸡肉荷兰豆沙拉

扫一扫，跟着做

少油　低糖　增肌　润肠

— 减脂时主 —

荷兰豆和鸡胸肉都含有优质蛋白，可以促进人体新陈代谢。鸡胸肉只要简单煎一下，就可提升口感和香味。如果想要热量更低，可以不加调料。

总热量 🔥 230千卡

⏳ 20分钟

👤 1人份

🥘 食材及热量

鸡胸肉150克	190千卡
荷兰豆40克	10千卡
红叶生菜30克	5千卡
生菜叶2片	5千卡
白蘑菇30克	10千卡
紫甘蓝30克	10千卡

🧂 配料

大蒜片	适量
橄榄油	适量
现磨黑胡椒碎	适量
柠檬汁	适量
蜂蜜	适量
盐	适量
百里香	1根

📋 步骤

1 鸡胸肉洗净,用柠檬汁、蜂蜜、盐、大蒜片腌制。

2 白蘑菇洗净,切薄片;紫甘蓝洗净,切细丝;荷兰豆洗净去除两头;红叶生菜、生菜叶洗净,撕小片。

3 锅中刷上一层橄榄油,中火加热,放入鸡胸肉,中小火煎,放入百里香煎出香味。

4 锅另一边煎白蘑菇和荷兰豆。

5 用厨房纸吸走鸡胸肉的多余油脂,鸡胸肉稍冷却后切成长条。

6 铺上红叶生菜、生菜叶,放入白蘑菇、荷兰豆、紫甘蓝丝和鸡胸肉条,撒上现磨黑胡椒碎,挤上番茄酱。

烹饪妙招

1. 油煎鸡胸肉之前,要用厨房纸吸干多余水分,煎时可以减少溅油。如果油溅出很多,可以将一张厨房纸盖在平底锅上,防止油溅出烫伤自己。

2. 对于用油煎的食材,去油的方法是用一张厨房用纸吸掉多余的油脂;解腻的方法是挤一些柠檬汁,同时也会提升食物香气。

鲲鱼荷兰豆沙拉

少油　低盐　低糖　饱腹

扫一扫，跟着做

— 减脂贴士 —

沙拉中放入吐司可
以适当增强饱腹感。
鲲鱼营养丰富，能
为人体提供优质蛋
白质。这款沙拉适
合晚上运动量大的
减脂人群食用。

总热量 🔥
260千卡

⏳ 20分钟

👤 1人份

⚖ 食材及热量

罐装鳀鱼50克	60千卡
吐司1片	140千卡
圣女果8颗	30千卡
荷兰豆40克	10千卡
芝麻菜40克	10千卡
白玉菇30克	10千卡

🍶 配料

黑橄榄	3颗
黄油	适量
现磨黑胡椒碎	适量

🍲 步骤

1 荷兰豆洗净，去除两头；圣女果洗净，对半切开；黑橄榄切成薄片。

2 吐司切成1厘米宽、4厘米长的小长条；芝麻菜和白玉菇洗净。

3 锅中放入黄油，小火加热至黄油熔化，放入吐司条，煎至两面微焦后盛出。

4 锅中刷上一层橄榄油，放入荷兰豆和白玉菇煎熟。

5 盘中放入芝麻菜、吐司条、白玉菇、荷兰豆、鳀鱼和圣女果。

6 放上黑橄榄片，撒上现磨黑胡椒碎。建议搭配芝麻味沙拉酱食用。

烹饪妙招

1. 直接买罐装鳀鱼即可，开罐即食，吃不完要用保鲜膜封好后放入冰箱冷藏。
2. 在吐司条出锅前撒上一些盐和香葱粉，吐司味道会更好。

巴沙鱼豌豆沙拉

少油　低盐　低脂　饱腹

扫一扫，跟着做

一 瘦脂贴士 一

只用撒上一些百里香和黑胡椒碎简单煎一下，巴沙鱼味道就很好，搭配健康的蔬菜和燕麦片，就是一道高蛋白低脂肪的瘦身餐。

总热量🔥 **235千卡**　　⧗ 20分钟　　👤 1人份

⚖ 食材及热量

巴沙鱼100克	90千卡
熟豌豆30克	30千卡
白蘑菇30克	10千卡
紫甘蓝30克	10千卡
生菜叶2片	5千卡
熟燕麦片20克	70千卡
迷你胡萝卜50克	20千卡

🧂 配料

橄榄油	适量
现磨黑胡椒碎	适量
百里香	适量
盐	适量

🍲 步骤

1 紫甘蓝洗净，切成细丝；生菜叶洗净，撕成小片；白蘑菇洗净，切成薄片。

2 锅中刷上一层橄榄油，中小火加热，放入巴沙鱼煎至双面微焦，放入百里香、加入盐，撒上现磨黑胡椒碎，盛出。

3 锅中再刷上一层橄榄油，继续放入洗净的迷你胡萝卜、熟豌豆和白蘑菇片，煎约5分钟。

4 盘底放入生菜叶片和熟豌豆，再依次放入紫甘蓝丝、迷你胡萝卜、白蘑菇片和巴沙鱼。

5 撒上熟燕麦片和现磨黑胡椒碎。

┌─ 烹饪妙招 ─┐

1. 冰冻巴沙鱼早晨提前放入冰箱冷藏室解冻，晚上拿出来直接煎。油煎之前用厨房纸吸干多余水分，防止煎时溅油。

2. 巴沙鱼也可以用烤箱烤熟，烤盘内铺锡箔纸，刷上橄榄油，放上鱼，再撒上现磨黑胡椒碎。烤箱预热后，上下火200℃烤10分钟。

虾仁鹌鹑蛋沙拉

无油　低盐　低脂　高钙

扫一扫，跟着做

— 减脂贴士

这款沙拉的食材搭配很丰富，优质蛋白质和充足蔬菜的组合，既不会饿肚子，也不用担心长胖。

总热量 🔥
330千卡

⏳ 20分钟

👤 1人份

⚖ 食材及热量

虾仁100克	200千卡
鹌鹑蛋5个	80千卡
胡萝卜30克	10千卡
冰草60克	20千卡
芦笋40克	10千卡
玉米笋150克	10千卡

🧴 配料

现磨黑胡椒碎	适量
低脂沙拉酱	适量
盐	适量

🍲 步骤

1️⃣ 鹌鹑蛋用蒸蛋器蒸熟，凉水浸泡后，去壳，对半切开；虾仁洗净，去除虾线。

2️⃣ 胡萝卜洗净，切成薄片；芦笋洗净，切段；玉米笋斜切成小段；冰草洗净。

3️⃣ 锅中倒入水，大火煮沸，放入盐、胡萝卜片、芦笋段和玉米笋段焯熟，捞出沥干。

4️⃣ 锅中继续放入虾仁，煮熟后捞出沥干。

5️⃣ 盘中放入冰草、胡萝卜片、芦笋段、玉米笋段、鹌鹑蛋和虾仁，撒上现磨黑胡椒碎，挤上低脂沙拉酱。

┌─── 烹饪妙招 ───┐

这是一个无油版沙拉，口感相对清淡，搭配低脂沙拉酱、番茄酱或者红酒醋酱都不错。

杂粮鸡蛋卷

(少油) (低盐) (低脂) (润肠)

扫一扫，跟着做

— 减脂贴士 —

杂粮富含碳水化合物，而且低脂少油。作为减脂优选主食，能使身体更加轻盈，做法也很简单，几分钟就可以完成。

总热量🔥 310千卡

25分钟

2人份

📷 食材及热量

杂粮米饭100克	110千卡
紫薯50克	70千卡
胡萝卜30克	10千卡
黄瓜30克	5千卡
生菜叶2片	5千卡
火腿1片	30千卡
熟鸡蛋1个	80千卡

🍲 步骤

1 紫薯洗净，去皮，切薄片，蒸锅中倒入水，大火煮沸，隔水蒸紫薯15分钟。

2 蒸熟的紫薯放入碗中，用勺子压成泥；生菜叶洗净。

3 胡萝卜、黄瓜洗净，切成细丝；火腿切成细丝。

4 平铺一张保鲜膜，放上杂粮米饭，均匀地铺成圆形。

5 把紫薯泥平铺在杂粮米饭上。

6 依次铺上生菜叶片、胡萝卜丝、黄瓜丝、火腿丝和鸡蛋。

7 提起保鲜膜，把全部食材收口成圆形，对半切开。

烹饪妙招

寿司席上平铺一张保鲜膜，放上平铺成长方形的杂粮米饭，摆上切碎的鸡蛋和其他食材，卷起来就是杂粮寿司了，可切成6等份。

小星星厚蛋烧

少油　低盐　补钙　供能

扫一扫，跟着做

— 减脂贴士 —

鸡蛋中的蛋白质更
利于人体吸收利
用。秋葵富含维生
素和矿物质，热量
又低。二者都是适
合减脂期食用的优
质食材。

总热量 🔥
340千卡

⏳ 20分钟

👤 1人份

⚖ 食材及热量

鸡蛋3个	260千卡
牛奶20毫升	10千卡
秋葵2根	10千卡
芝士2片	60千卡

🍶 配料

盐	适量
柴鱼粉	2克
橄榄油	适量
香松粉	适量

📖 步骤

1 锅中倒入水,大火煮沸,加入盐,放入秋葵焯熟,捞出沥干。

2 碗中打入鸡蛋,搅打均匀,加入柴鱼粉、盐和牛奶搅拌均匀。

3 用滤网过滤蛋液,撇去表面的气泡。

4 玉子烧锅中用厨房纸均匀涂抹橄榄油,中火加热。

5 第一次倒入1/4蛋液时,放入秋葵,连同秋葵一起卷起来,把卷好的蛋卷放在锅的一边。

6 第二次倒入1/4蛋液,铺上芝士片,卷起来。

7 第三次倒入1/4蛋液,均匀撒上香松粉,继续卷起来。

8 最后倒入剩余的蛋液,继续卷起来。稍稍冷却,定型后用刀切成4等份。

鲜虾土豆球

 少油　 低盐　低脂　饱腹

扫一扫，跟着做

—— 减脂贴士 ——

这款无油轻食以土豆球作为主料，增强了饱腹感，为了营养更丰富，可以搭配虾和蔬菜来补充蛋白质和维生素。

总热量🔥
320千卡

⏳ 20分钟

👤 1人份

⚖ 食材及热量

土豆球150克	240千卡
鲜虾2只	50千卡
红彩椒30克	10千卡
黄彩椒30克	10千卡
荷兰豆40克	10千卡

🧂 配料

黑橄榄	1颗
甜辣酱	适量
青柠檬片	适量
现磨黑胡椒碎	适量
盐	适量
橄榄油	适量

🍲 步骤

1 黑橄榄切片；红彩椒和黄彩椒洗净，切丝；荷兰豆洗净，去除两头。

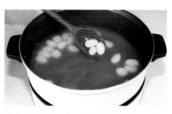

2 锅中倒入水，大火煮沸，加入盐，放入土豆球，煮10分钟，煮熟后捞出沥干。

3 锅中继续放入荷兰豆、红彩椒丝和黄彩椒丝焯熟，沥干。

4 锅中换一锅水，放入鲜虾，煮5分钟，煮熟后捞出沥干。

5 锅中刷一层橄榄油，中火加热，放入荷兰豆、红彩椒丝、黄彩椒丝和土豆球，撒上盐和现磨黑胡椒碎，小火翻炒均匀。

6 荷兰豆、红彩椒丝、黄彩椒丝、土豆球盛出装盘，青柠檬片。将虾放在青柠檬片上，放上黑橄榄片，配上甜辣酱。

烹饪妙招

1. 土豆球可买袋装的，烹饪更方便，煮土豆球的方式和意大利面相同，按照100：1的比例放水和盐。
2. 水煮法保留了虾本身的鲜和甜，配上甜辣酱，味道更佳。

菠菜芝士卷饼

少油　低脂　低盐　饱腹

扫一扫，跟着做

— 减脂贴士 —

生菜和黄瓜富含
多种维生素，菠菜
卷饼再搭配鸡蛋
和芝士，补充蛋白
质，饱腹又不会摄
入过多脂肪。

总热量 🔥
455千卡

⌛ 15分钟   👤 1人份

⚖️ 食材及热量

鸡蛋2个	170千卡
芝士2片	60千卡
火腿2片	60千卡
黄瓜50克	10千卡
红叶生菜30克	5千卡
菠菜卷饼1张	
（约50克）	150千卡

🧂 配料

橄榄油	适量
番茄酱	适量
盐	适量
现磨黑胡椒碎	适量

🍲 步骤

1 火腿切成细丝；黄瓜洗净，切成细丝；红叶生菜洗净。

2 碗中打入鸡蛋，搅打均匀，加入盐，撒上现磨黑胡椒碎。

3 锅中刷上一层橄榄油，中小火加热，倒入1/2蛋液，摊鸡蛋饼，蛋液没有完全凝固时，把菠菜卷饼压在鸡蛋饼上，让两者黏合。

4 关火，将菠菜卷饼翻面，平铺放上芝士片。

5 红叶生菜、黄瓜丝、火腿丝放在菠菜卷饼一边，从有食材的一边卷起。

6 饼卷好，包上牛油纸固定，蘸番茄酱食用。

烹饪妙招

卷饼买的是成品，有原味、黄油味、菠菜味等口味，烹饪简单方便，有时间也可以自己动手烙菠菜饼，多做一些放在冰箱冷藏保存。

鲜蔬鸡肉卷饼

少油　低盐　增肌　饱腹

扫一扫，跟着做

— 减脂贴士 —

鸡胸肉是理想的高蛋白低脂肪食材，通常会用油煎的方式来处理，这里直接用水煮，少油低脂的鸡肉卷饼更适合减脂期食用。

总热量 🔥 **315千卡**　20分钟　1人份

🍳 食材及热量

菠菜卷饼1张	150千卡
鸡胸肉100克	130千卡
胡萝卜50克	20千卡
生菜叶2片	5千卡
紫甘蓝30克	10千卡

🍾 配料

盐	适量
黑胡椒酱	适量

📖 步骤

1 胡萝卜和紫甘蓝洗净，切成细丝；生菜叶洗净。

2 锅中倒入热水，放入鸡胸肉，加入盐，煮至鸡胸肉熟透。

3 鸡胸肉稍冷却后切成长条，挤上黑胡椒酱。

4 中火预热平底锅，分别将卷饼的每一面加热15秒。保鲜膜平铺，放上菠菜卷饼。

5 依次放上生菜叶、胡萝卜丝、紫甘蓝丝和鸡胸肉条。

6 从有食材的一边开始卷饼，用保鲜膜裹紧固定。

7 包裹上牛皮纸，居中切开。

> **烹饪妙招**
>
> 想要让水煮的鸡胸肉比油煎的更好吃，可以将鸡胸肉用10克柠檬汁、20克黑胡椒酱、10克大蒜瓣腌制，盖上保鲜膜放入冰箱冷藏一夜，吃时用水煮熟。

火腿海苔稻荷卷

少油　低盐　低脂　饱腹

扫一扫，跟着做

— 减脂贴士 —

简单的白米饭混搭一些配料就可以很好吃。如果觉得寿司豆皮热量高，也可以直接用海苔片卷寿司。

总热量 🔥
430千卡

20分钟

2人份

⚖ 食材及热量

米饭150克	170千卡
火腿2片	60千卡
秋葵2根	10千卡
香松粉10克	30千卡
黑芝麻20克	110千卡
寿司豆皮2个	
（约30克）	50千卡

🫙 配料

寿司醋	适量
盐	适量

🍳 步骤

1 蒸锅中倒入水，大火煮沸，隔水加热米饭5分钟。

2 锅中倒入水，大火煮沸，加入盐，放入秋葵焯熟，捞出沥干。

3 火腿片切末，秋葵切成薄片。

4 寿司豆皮从中部一切两半。

5 碗中放入米饭，加入寿司醋，再加入黑芝麻和香松粉，翻拌均匀。

6 把米饭塞进寿司豆皮。

7 装饰上火腿末和秋葵片。

烹饪妙招

1. 冷藏或者冰冻的寿司豆皮，用之前要提前取出放至常温，对角切开，可做出三角形寿司。

2. 喜欢清淡口味的人，米饭中可以不加寿司醋，会更加爽口。

泡菜鸡肉烩饭

少油　小炒　供能　增肌

扫一扫，跟着做

— 减脂贴士 —

泡菜富含乳酸菌和
多种营养素，不仅
开胃，也易消化，
搭配其他低脂食
材，在饱腹的同时
也不易长胖。

总热量 🔥
360千卡

20分钟

2人份

🍲 食材及热量

米饭200克	220千卡
鸡胸肉50克	70千卡
泡菜50克	20千卡
熟豌豆40克	40千卡
胡萝卜30克	10千卡

🍶 配料

葱	适量
橄榄油	适量
黑芝麻	适量

🍳 步骤

1 泡菜切成丁；鸡胸肉、胡萝卜洗净，切成丁；葱洗净，切成末。

2 锅中刷上一层橄榄油，中火加热，放入鸡胸肉丁煸炒2分钟。

3 加入胡萝卜丁、熟豌豆、泡菜丁和米饭一起翻炒2分钟，炒至米饭松散。

4 盛入碗中，撒上葱末和黑芝麻。

烹饪妙招

泡菜建议买袋装的，直接拿出来切成丁。炒饭时可以加一些包装袋里的泡菜汁，可以使米饭的颜色更红亮，味道更浓。

豌豆烩饭

(少油)(水煮)(低脂)(供能)

扫一扫，跟着做

── 减脂贴士 ──

豌豆是一种杂粮，水分和蛋白质含量相对较高，可以代替部分主食，但不能全部替换，以细粮为主，豌豆为辅。

总热量 🔥
430千卡

⏳ 15分钟

👤 1人份

⚖️ 食材及热量

米饭 100 克	110 千卡
豌豆 100 克	100 千卡
鲜芝士 50 克	160 千卡
火腿 2 片	60 千卡

🧴 配料

盐	适量
橄榄油	适量

🍲 步骤

1️⃣ 火腿切成丁。

2️⃣ 锅中倒入 400 毫升水，大火煮沸，放入豌豆，中火煮 2 分钟。

3️⃣ 锅中加入米饭，继续煮 3 分钟。

4️⃣ 加入火腿丁和鲜芝士，继续煮 3 分钟。

5️⃣ 加入盐和橄榄油调味。

烹饪妙招

正宗的豌豆烩饭是意大利威尼斯的传统菜肴。这款简约版的烩饭有浓郁的芝士味道，搭配清爽的豌豆，充满了异国风味。

德国香肠烩饭

少盐　低脂　供能　饱腹

扫一扫，跟着做

— 减脂贴士 —

多样化膳食原则要
求荤素均衡。香肠
不仅能佐味，它还
富含蛋白质，可以
有效增加饱腹感，
适量食用更有利于
健康。

⏳ 20分钟 | 👤 2人份

⚖ 食材及热量

米饭100克	110千卡
紫米饭20克	40千卡
黑森林香肠50克	90千卡
熟豌豆30克	30千卡
红彩椒30克	10千卡
黄彩椒30克	10千卡
胡萝卜30克	10千卡
白蘑菇20克	10千卡

🛢 配料

橄榄油	适量
盐	适量
现磨黑胡椒碎	适量

🍲 步骤

1 黑森林香肠切成薄片；白蘑菇洗净，切成薄片；红彩椒、黄彩椒和胡萝卜洗净，斜切成菱形小片。

2 锅中刷上一层橄榄油，中火加热，放入香肠片煸炒1分钟。

3 放入白蘑菇片、红彩椒片、黄彩椒片、胡萝卜片和熟豌豆一起煸炒1分钟。

4 放入米饭和紫米饭，放入白蘑菇片，翻炒2分钟。

5 加入盐，翻炒均匀。

6 装盘后，撒上现磨黑胡椒碎。

烹饪妙招

1. 把德国香肠换成三文鱼也不错，把煎制好的三文鱼切成小丁，倒入快要炒好的米饭，搅拌均匀即可。
2. 建议配上一杯柠檬蜂蜜水，开胃又清爽。

鳕鱼球拍面

少油 低脂 低盐 增肌

扫一扫，跟着做

— 减脂贴士 —

鳕鱼的蛋白质含量
高于三文鱼，且脂
肪含量比三文鱼更
低，更有利于瘦身，
搭配上意大利球拍
面，在饱腹的同时，
也满足了味蕾。

总热量 🔥
480 千卡

⏳ 30分钟

👤 2人份

🍲 食材及热量

鳕鱼 100克	90千卡
洋葱 30克	10千卡
抱子甘蓝 30克	10千卡
圣女果 2颗	10千卡
网球拍形意大利面 100克	
	360千卡

🧂 配料

盐	适量
橄榄油	适量
香松粉	适量
现磨黑胡椒碎	适量
百里香	适量

🍳 步骤

1 锅中倒入水，大火煮沸，加入盐，放入网球拍形意大利面，煮10分钟，煮好后捞出沥干。

2 洋葱洗净，切成薄片；抱子甘蓝和圣女果洗净，对半切开。

3 另起一锅，锅中刷上一层橄榄油，放入百里香，中小火加热，放入鳕鱼，撒上盐，双面煎至微焦，撒上现磨黑胡椒碎。

4 继续放入洋葱片和抱子甘蓝，煸炒3分钟，炒熟盛出。

5 盘中放入洋葱片、抱子甘蓝、意大利面和鳕鱼。

6 装饰上圣女果，撒上香松粉。

烹饪妙招

1. 冰冻鳕鱼早晨提前放入冰箱冷藏室解冻，晚上就可以直接煎。油煎前，用厨房纸吸干多余水分，防止煎时油喷溅出来。

2. 鳕鱼质地很嫩，很容易碎，双面油煎时，用锅铲轻轻翻面，保持鳕鱼块的完整。

火腿鲜蔬米粒面

无油　水煮　低脂　饱腹

扫一扫，跟着做

— 减脂贴士

虽然相同重量的面
条比米饭热量更
高，但是面条饱腹
感更强，营养更高，
控制好食用量，并
不会有过多的热量
负担。

128

总热量 🔥
500千卡

20分钟　2人份

🍲 食材及热量

火腿2片	60千卡
胡萝卜30克	10千卡
豌豆30克	30千卡
玉米粒30克	30千卡
紫甘蓝30克	10千卡
米粒形意大利面100克	
	360千卡

🍶 配料

青柠檬	1个
芝麻油	适量
醋	适量
红油	适量
现磨黑胡椒碎	适量
糖	适量

🍳 步骤

1 胡萝卜、紫甘蓝洗净，切成丁；火腿切成丁。

2 锅中倒入水，大火煮沸，加入盐，放入米粒形意大利面煮10分钟，煮熟后捞出沥干。

3 锅中继续放入胡萝卜丁、豌豆和玉米粒，焯熟后捞出沥干。

4 碗中放入火腿丁、豌豆粒、胡萝卜丁、玉米粒、紫甘蓝丁和米粒形意大利面，翻拌均匀。

5 青柠檬对半切开，一半切成薄片；一半将汁水挤入碗中。

6 米粒面装盘后撒入适量现磨黑胡椒碎，装饰上青柠檬片；加入由芝麻油、醋、红油、盐和糖调成的红油醋汁。

--- 烹饪妙招 ---

1. 夏天食用前放入冰箱冷藏一下，清凉舒爽，味道鲜香。
2. 米粒形意大利面颗粒小，很容易入味，配上番茄酱，酸甜可口，不用再过多调味。

白香肠弯管意面

扫一扫，跟着做

— 减脂贴士 —

凉拌秋葵可以有效
保留秋葵的营养价
值。白香肠与普通
香肠相比添加剂较
少，热量更低，口
感清淡，适量食用
也没有负担。

总热量 🔥
520千卡

⏳ 30分钟

👤 2人份

⚖ 食材及热量

白香肠50克	90千卡
洋葱50克	20千卡
秋葵2根	10千卡
熟玉米粒30克	30千卡
圣女果2颗	10千卡
小弯通形意大利面100克	
	360千卡

🧂 配料

橄榄油	适量
芝麻味沙拉酱	适量
盐	适量

🍲 步骤

1 锅中倒入水，大火煮沸，放入盐，放入小弯通形意大利面煮10分钟，煮熟后捞出沥干。

2 锅中放入秋葵焯熟，捞出沥干，晾凉。

3 白香肠切片；洋葱洗净，切成小丁；秋葵切成小段。

4 另起一锅，刷上一层橄榄油，中小火加热，放入洋葱粒煸炒出香味。

5 继续放入白香肠片，煎至双面微焦。

6 梅森罐中放入芝麻味沙拉酱、洋葱粒、小弯通形意大利面、秋葵段、熟玉米粒和白香肠片，装饰上圣女果。

烹饪妙招
---

1. 喜欢生吃洋葱的，可以不用煸炒。笔者更喜欢洋葱煸炒之后的味道。
2. 洋葱煸炒后，再用油锅煎香肠，味道更浓郁。

低糖
饮品和点心

健康瘦身营养要点

● 正确选择零食和加餐

每餐只吃七分饱，
零食和加餐适量搭配，
选择低糖低脂的食物，食用恰到好处的分量。

● 用温和的饮品关爱自己

亲手做一杯鲜果奶昔，
抛弃市售饮品过多的调味剂，更加安全和放心。

全麦芝士块

少油　低盐　饱腹　供能

扫一扫，跟着做

一减脂私士一

这款全麦芝士块食材丰富，营养全面，芝士中浓缩了牛奶的蛋白质和钙质，适量食用也不会有太多的热量负担。

总热量🔥
460千卡

⏳ 15分钟

👤 2人份

⚖️ 食材及热量

鸡蛋2个	170千卡
牛奶20毫升	10千卡
熟豌豆20克	20千卡
火腿1片	30千卡
熟玉米粒20克	20千卡
黑芝麻10克	50千卡
全麦面包2片	
（约66克）	160千卡

🧂 配料

盐	适量
现磨黑胡椒碎	适量
亚麻子油	适量
马苏里拉芝士碎	适量

🍲 步骤

1️⃣ 全麦面包切成小块，火腿切成丁。

2️⃣ 碗中打入鸡蛋，加入盐和现磨黑胡椒碎。

3️⃣ 边加入牛奶，边搅打均匀。

4️⃣ 锅中刷上一层亚麻子油，小火加热。

5️⃣ 均匀撒入全麦面包块。

6️⃣ 倒入蛋液，均匀铺满锅底部。

7️⃣ 均匀撒上熟豌豆、熟玉米粒、火腿丁和黑芝麻，盖上锅盖，转中火焖2分钟。

8️⃣ 均匀撒上马苏里拉芝士碎，盖上锅盖焖1分钟至芝士熔化。

总热量 💧 **520千卡**

⏳ 20分钟

👤 2人份

少油　低盐　饱腹　纤体

牛油果法棍

🍱 食材及热量

法棍1/4根（约50克）	170千卡
牛油果半个	80千卡
香蕉1根	100千卡
酸奶50毫升	30千卡
蓝莓20克	10千卡
圣女果2颗	10千卡
坚果碎20克	120千卡

🍶 配料

黄油	适量
香蒜粉	适量

扫一扫，跟着做

🍳 步骤

1 牛油果去皮去核，切成小块；香蕉去皮，切块。

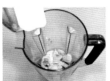

2 牛油果块、香蕉块、坚果碎和酸奶放入破壁机中，搅打成果酱。

3 法棍斜切成厚度约为1厘米的厚片；圣女果洗净，切片。

4 锅中放入黄油，小火加热至熔化，放入法棍片。

5 每一片双面各煎1分钟，撒上香蒜粉后出锅。

6 挤上牛油果酸奶酱，装饰上蓝莓和圣女果。

— 减脂贴士 —

牛油果常被称为"植物黄油"，热量稍高，但所含的脂肪是优质脂肪，适量食用，不会对人体造成过多负担。

无油　低盐　低脂　润肠

蟹柳蔬果卷

总热量 💧
270千卡

⏳ 15分钟

👤 1人份

🍱 食材及热量

生菜叶4片	10千卡
蟹柳50克	50千卡
牛油果1个	170千卡
熟玉米粒30克	30千卡
紫甘蓝30克	10千卡

🧂 配料

蛋黄酱	适量
现磨黑胡椒碎	适量

扫一扫，跟着做

— 减脂贴士 —

蟹柳是高蛋白、低脂肪且味道鲜美的一类深加工海洋食品，搭配新鲜蔬果，减脂期间也能做到营养均衡。

📋 步骤

1 紫甘蓝洗净，切丝；牛油果去皮去核，切成丁；生菜叶洗净。

2 碗中放入牛油果丁、熟玉米粒、蛋黄酱和现磨黑胡椒碎，搅拌均匀。

3 保鲜膜平铺在桌上，放上生菜叶。

4 铺上紫甘蓝丝、牛油果玉米沙拉和蟹柳（可用熟鸡蛋代替）。

5 把生菜叶卷起来包裹住食材，用保鲜膜包紧定型，对半切开。

总热量 480 千卡

15分钟

2人份

少油 低盐 低糖 低脂

时蔬豆卷

食材及热量

豆皮 100 克	410 千卡
生菜叶 4 片	10 千卡
胡萝卜 50 克	20 千卡
黄瓜 50 克	10 千卡
火腿 1 片	30 千卡

步骤

1 锅中倒入水，大火煮沸，放入豆皮，焯烫3分钟后捞出沥干。

2 胡萝卜、黄瓜洗净，切丝；生菜叶洗净；火腿切丝。

3 取一片豆皮，放上生菜叶片，依次铺上胡萝卜丝、黄瓜丝和火腿丝。

4 从豆皮一头紧紧卷起所有食材。

5 裹上牛油纸，用麻绳固定做个造型。

— 减脂贴士 —

豆皮蛋白质含量较高，还含有许多人体所必需的多种微量元素，易消化、吸收快，卷上蔬菜肉类，饱腹有活力。

烹饪妙招

豆皮建议切成5厘米×8厘米的大小；青红尖椒切成椒圈，与醋、生抽、白芝麻和糖调制成蘸料汁，搭配豆卷口感会更好。

少油　低盐　低脂　高钙

紫薯鸡蛋卷

总热量 🔥
600千卡

⏳ 30分钟

👤 2人份

📦 食材及热量

紫薯150克	200千卡
鸡蛋2个	170千卡
牛奶40毫升	20千卡
玉米面30克	100千卡
杏仁碎20克	110千卡

🥢 配料

橄榄油	适量

扫一扫，跟着做

📷 步骤

1 紫薯洗净，去皮，切块；蒸锅中倒入水，大火煮沸，隔水蒸紫薯块，约10分钟。

2 紫薯放入大碗中，加入20毫升牛奶，用叉子压成紫薯泥（或放入保鲜袋，用擀面杖来回碾压）。

3 紫薯泥中加入杏仁碎，搅拌均匀。

4 碗中打入鸡蛋，加入玉米面和剩下的牛奶，搅拌均匀。

5 锅中刷上一层橄榄油，中小火加热，倒入1/2蛋液，底面凝固后，均匀铺上紫薯泥。

6 从一头卷起紫薯鸡蛋卷。

7 倒入剩下的蛋液，均匀铺在锅中。

8 蛋液凝固，从卷好的一头再卷起。

9 冷却后，切成4等份。

红薯寿司卷

无油　低盐　养颜　润肠

扫一扫，跟着做

— 减脂贴士 —

红薯是常见的主食替代品，富含膳食纤维，能增强肠蠕动，通便润肠，也较容易饱腹，减脂期食用有利于减肥。

总热量 230千卡

30分钟

2人份

食材及热量

红薯150克	150千卡
黄瓜50克	10千卡
紫甘蓝30克	10千卡
胡萝卜50克	20千卡
火腿1片	30千卡
寿司紫菜1张	
（约4克）	10千卡

步骤

1 红薯洗净，去皮，切块；黄瓜洗净，切成细条；紫甘蓝、胡萝卜洗净，切丝；火腿切丝。

2 蒸锅中倒入水，大火煮沸，放入红薯块，隔水蒸10分钟至熟。

3 待蒸熟的红薯稍冷却，用叉子按压成泥。

4 寿司帘平铺，放上寿司紫菜，均匀铺上红薯泥。

5 依次在寿司紫菜的一头放上黄瓜条、紫甘蓝丝、胡萝卜丝和火腿丝。

6 从放食材的一头卷起，紧紧卷起里面的食材。

7 卷好后，压紧寿司帘定型，用刀切成5~6等份。

烹饪妙招

将红薯泥放入冰箱冷藏1小时或冷冻10分钟，含水量适当减少后，再做寿司卷，更容易成形。

越南春卷

少油 · 低盐 · 低脂 · 纤体

扫一扫，跟着做

—— 减脂妈——

越南春卷皮是米浆制成的，低脂少油，包裹新鲜健康的食材，加上蘸酱的搭配，味蕾会即刻被唤醒。

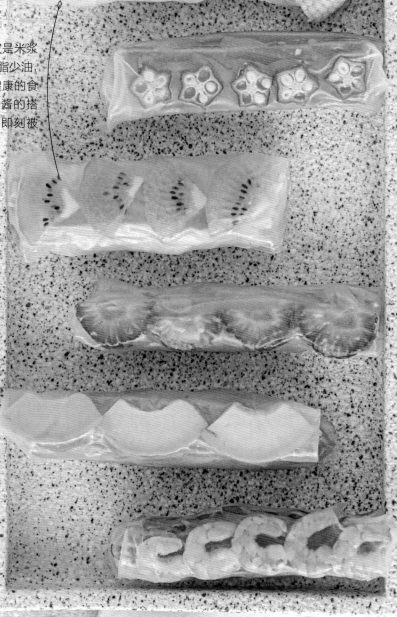

总热量🔥
420千卡

30分钟

2人份

🍱 食材及热量

越南春卷皮6张	110千卡
虾仁50克	100千卡
秋葵2根	10千卡
紫甘蓝30克	10千卡
草莓6个	40千卡
胡萝卜50克	20千卡
牛油果半个	80千卡
黄瓜50克	10千卡
猕猴桃50克	30千卡
玉米笋50克	10千卡

📖 步骤

1 锅中倒入水，大火煮沸，放入洗净的秋葵、玉米笋和虾仁，煮熟后捞出沥干。

2 胡萝卜、黄瓜和紫甘蓝洗净，切成细丝。

3 草莓洗净，切片；牛油果去皮去核，切片；猕猴桃去皮，切片；秋葵和玉米笋切丁。

4 取一张春卷皮，放入65℃热水中浸泡10秒至软。

5 春卷皮的一边放上黄瓜丝和胡萝卜丝，卷起第一圈，再放上牛油果片，紧紧卷起，春卷皮两边向内折，收边卷好。

6 以此类推，用其他的春卷皮依次卷上其他处理好的食材，可以自由组合食材。

烹饪妙招

1. 烫越南春卷皮的水不要特别热，浸泡几秒即可。
2. 春卷没有什么味道，建议搭配梅子酱或者甜辣酱，生津开胃。

总热量 💧 **220千卡**

⏳ 20分钟

👤 1人份

无油 低盐 低脂 养颜

翡翠鱼子酱卷

🍱 食材及热量

米饭100克	110千卡
黄瓜1根（约200克）	30千卡
鱼子酱40克	80千卡

🧂 配料

寿司醋	适量
红姜	适量
香松粉	适量
海藻丝	适量

扫一扫，跟着做

🍲 步骤

1 蒸锅中倒入水，大火煮沸，隔水加热米饭5分钟。

2 米饭蒸热后，放入碗中，倒入香松粉，用寿司醋调味，搅拌均匀。

3 黄瓜洗净，用刨刀竖着一条一条刨出薄黄瓜片。

4 手握米饭，捏紧做成小饭团。

5 饭团外用黄瓜条围成一圈。

6 顶部放上鱼子酱、红姜和海藻丝。

— 减脂贴士 —

这款简单的轻食有黄瓜的清香和鱼子酱的咸鲜。黄瓜热量低、口感却很爽脆。

烹饪妙招

红姜是把生姜用梅汁腌渍的腌制品，酸甜开胃，搭配黄瓜饭团，味道爽口。

无油　低盐　低脂　饱腹

迷你冰激凌饭团

总热量🔥 **260千卡**

⏳ 25分钟

👤 1人份

扫一扫，跟着做

🍚 食材及热量

米饭100克	110千卡
坚果碎20克	120千卡
妙脆角8个（约5克）	30千卡

🧂 配料

红丝绒粉	3克
南瓜粉	3克
菠菜粉	3克
紫薯粉	3克

--- 减脂贴士 ---

当掌握了饭团的制作方法后，饭团不但可以根据自己的喜好随意搭配，用蔬果粉来增色更加安全、健康。

烹饪妙招

如果使用较干硬的隔夜米饭，可以放入保鲜盒，微波炉加热1分钟，不要用蒸锅隔水蒸热，否则水分含量较多，不易搓成圆球，也会影响妙脆角的香脆口感。

🍱 步骤

1 取1/4米饭和坚果碎，加入红丝绒粉，搅拌均匀成红色饭团。

2 取1/4米饭和坚果碎，加入南瓜粉，搅拌均匀成黄色饭团。

3 取1/4米饭和坚果碎，加入菠菜粉，搅拌均匀成绿色饭团。

4 取1/4米饭和坚果碎，加入紫薯粉，搅拌均匀成紫色饭团。

5 将四种颜色的米饭分别搓成小圆球。

6 将各种颜色的小圆球分别放在妙脆角上面。

牛油果米饭玛芬

少油　低盐　供能　饱腹

扫一扫，跟着做

— 减脂贴士 —

早晨没时间做烘焙，米饭和牛油果的创意搭配很不错。趁热食用，香味和口感都很好。若担心热量过高，可以省去马苏里拉芝士碎。

总热量
550千卡

30分钟

3人份

食材及热量

牛油果半个	80千卡
鸡蛋2个	170千卡
米饭50克	60千卡
火腿1片	30千卡
香松粉10克	30千卡
黄油10克	90千卡
马苏里拉芝士碎30克	
	90千卡

配料

现磨黑胡椒碎	适量
盐	适量

步骤

1 牛油果去皮去核，切成丁；火腿切成碎末。

2 碗中打入鸡蛋，搅打均匀。

3 碗中放入米饭、火腿丁、香松粉和牛油果丁，搅拌均匀。

4 黄油放入微波炉中加热30秒，熔化后倒入鸡蛋碗中。

5 碗中加入盐和现磨黑胡椒碎，倒入熔化好的黄油，搅拌均匀。

6 把拌好的米饭倒入铺好牛油纸的烤盘模具中。烤箱预热至180℃，放入中层，烤5~8分钟。

7 取出，顶部放上马苏里拉芝士碎，再烤3分钟至芝士熔化。

> 烹饪妙招
>
> 这款牛油果米饭玛芬的灵感来源于玛芬蛋糕，可以将牛油果换成香蕉，味道也很不错。黄油可利用烤箱预热的温度和时间熔化，节约制作时间。

总热量 🔥 **480千卡**

⏳ 20分钟

👤 2人份

杧果汤圆酸奶

📷 食材及热量

芝麻汤圆100克	310千卡
酸奶100毫升	70千卡
杧果60克	20千卡
综合燕麦片50克	80千卡

扫一扫，跟着做

🍲 步骤

1 锅中倒入水，大火煮沸，放入芝麻汤圆煮5分钟，煮熟后捞出沥干，冷却至常温。

2 杧果去皮去核，切成小块。

3 酸奶倒入碗中，放入杧果块。

4 放入芝麻汤圆和综合燕麦片。

— 减脂贴士 —

酸奶能促进肠胃蠕动，加速人体代谢，午后如果饿了，做一碗杧果汤圆燕麦酸奶，可以充饥，不怕身体有负担。

无油　低脂　润肠　养颜

芋圆麦片酸奶

食材及热量

酸奶 100 毫升	70 千卡
三色芋圆 100 克	220 千卡
综合燕麦片 50 克	180 千卡
草莓 3 个	20 千卡

配料

薄荷叶	适量

— 减脂贴士 —

酸奶、芋圆、综合燕麦片和草莓的混搭，没有额外加糖，减少了很多热量负担，是一款适合夏天的轻食甜点。

总热量 🔥
490 千卡

⏳ 15分钟　　👤 2人份

扫一扫，跟着做

步骤

1 锅中倒入水，大火煮沸，放入三色芋圆，煮熟后捞出沥干。

2 草莓洗净，竖着对半切开。

3 酸奶倒入碗中，放入三色芋圆。

4 放入综合燕麦片和草莓块，装饰上薄荷叶，品尝时搅拌均匀。

总热量🔥 450千卡 | 10分钟 | 2人份

牛油果酸奶麦片杯

🍎 食材及热量

酸奶100毫升	70千卡
牛油果1个	170千卡
猕猴桃50克	30千卡
综合燕麦片50克	180千卡

🥄 配料

巧克力威化饼干	适量
蓝莓	适量

📋 步骤

1 牛油果去皮去核，切两片，剩下的切成小块；猕猴桃去皮，切成薄片。

2 用猕猴桃薄片沿杯壁贴满。

3 破壁机中放入牛油果块和酸奶，搅打均匀。

4 杯中缓缓倒入打好的果昔。

5 装饰上饼干、蓝莓和两片牛油果，放入综合燕麦片。

— 减脂贴士 —

猕猴桃味道酸甜鲜美，牛油果口感柔滑细腻，营养丰富的水果配合饱腹感强烈的燕麦片，是一款美味的代餐。

香蕉酸奶麦片杯

总热量 🔥 **390千卡**

⏳ 10分钟

👤 2人份

📋 食材及热量

香蕉1根	100千卡
酸奶150毫升	100千卡
综合燕麦片50克	180千卡
草莓1个	10千卡

扫一扫，跟着做

🧂 配料

坚果碎	适量
装饰饼干	2根
巧克力酱	适量
蓝莓2颗	适量

—— 减脂贴士 ——

香蕉奶昔是健身爱好者经常选择的健康食品，再搭配富含膳食纤维的综合燕麦片，运动过后补充一杯，可以帮助恢复活力。

📖 步骤

1 香蕉去皮，半根切成小块，半根切成薄片；草莓洗净，对半切开。

2 香蕉薄片沿着杯壁，贴满一圈。

3 破壁机中放入香蕉块和酸奶，搅打均匀。

4 杯中缓缓倒入果昔。

5 放入综合燕麦片、坚果碎、蓝莓和草莓，插入装饰饼干。

6 按个人口味在表面淋上巧克力酱。

总热量 🔥 **510千卡**

⏳ 10分钟

👤 2人份

无油　低盐　高钙　纤体

火龙果奶昔杯

📷 **食材及热量**

火龙果200克	100千卡
香蕉半根	60千卡
酸奶100毫升	70千卡
熟腰果30克	180千卡
熟燕麦片30克	100千卡

扫一扫，跟着做

🍲 **步骤**

1 香蕉和火龙果去皮，切成小块。

2 破壁机中放入香蕉块、火龙果块、腰果、熟燕麦片，倒入酸奶。

3 低速搅打2分钟。

4 搅打好的奶昔倒入杯中。

— 减脂贴士 —

火龙果富含膳食纤维，能促进肠胃蠕动，提高人体代谢。早餐时搭配主食饮用，还有润肠通便的作用。

无油　低脂　润肠　解乏

树莓什锦碗昔

总热量 🔥
720千卡

⏳ 15分钟

👤 2人份

扫一扫，跟着做

🛍 食材及热量

原味蛋糕30克	100千卡
酸奶100毫升	70千卡
香蕉1根	100千卡
树莓50克	30千卡
蓝莓30克	20千卡
熟燕麦片30克	100千卡
杏仁碎20克	110千卡
核桃碎20克	130千卡
蔓越莓干20克	60千卡

🧂 配料

奥利奥饼干	适量

--- 减脂贴士 ---

树莓中富含多种维生素和有益成分，适量食用可以达到减肥的目的。如果觉得热量过高，可以减少坚果用量，不放饼干和蛋糕。

📖 步骤

1 原味蛋糕切丁；奥利奥饼干去除夹心，掰小块；香蕉去皮，切块；树莓、草莓洗净。

2 破壁机中倒入酸奶、树莓（留3颗备用）、熟燕麦片和香蕉块，搅打均匀。

3 碗中缓缓倒入打好的果昔。

4 依次铺上树莓、杏仁碎、奥利奥饼干碎、核桃碎、蔓越莓干、蛋糕碎和蓝莓。

总热量 🔥
230千卡

⏳ 10分钟

👤 1人份

无油　低糖　低脂　养颜

树莓果昔杯

🔲 **食材及热量**

酸奶100毫升	70千卡
香蕉1根	100千卡
树莓50克	30千卡
蓝莓50克	30千卡

扫一扫，跟着做

🍲 **步骤**

1️⃣ 香蕉去皮，切成小块；树莓、蓝莓洗净。

2️⃣ 破壁机中放入香蕉块、蓝莓、树莓（留少量）、酸奶。

3️⃣ 低速搅打1分钟。

4️⃣ 搅打好的果昔倒入杯中。

5️⃣ 装饰上树莓。

— 减脂贴士 —

树莓、香蕉和酸奶打成的果昔，不仅味道绵密香醇，还可以纤体瘦身，是一款美味的能量饮品。

少油　低脂　饱腹　养颜

莓莓慕斯杯

总热量 🔥 **400千卡**

⏳ 10分钟

👤 2人份

扫一扫，跟着做

📋 食材及热量

酸奶 150 毫升	100 千卡
香蕉半根	60 千卡
熟燕麦片 30 克	100 千卡
蓝莓 20 克	10 千卡
草莓 5 个	30 千卡
原味蛋糕 30 克	100 千卡

📋 步骤

1️⃣ 香蕉去皮，切成小块；原味蛋糕切成丁；草莓洗净，竖着切成薄片。

2️⃣ 用部分草莓薄片顺着杯底边沿，依次贴杯壁放好。

3️⃣ 破壁机中放入香蕉块、蓝莓、剩余的草莓片、熟燕麦片，倒入酸奶。

—— 减脂贴士 ——

这款食材丰富的果昔杯可以作为代餐。喜欢顺滑口感可以不加熟燕麦片，希望有饱腹感可以多加一些熟燕麦片。

4️⃣ 低速搅打均匀成果昔。

5️⃣ 果昔倒入杯中，装饰上蓝莓、草莓和原味蛋糕碎。

彩虹慕斯果昔杯

无油 低脂 润肠 纤体

扫一扫，跟着做

— 减脂贴士 —

果昔是减脂瘦身人群常用的饮品。这杯彩虹果昔不仅色彩丰富，而且营养也很丰富，装饰饼干按个人口味添加即可。

总热量 🔥
330千卡

20分钟

1人份

📷 食材及热量

牛油果半个	80千卡
冰冻香蕉1根	100千卡
火龙果100克	50千卡
酸奶100毫升	70千卡
杧果100克	30千卡

🧂 配料

装饰饼干	适量
柠檬片	适量

📋 步骤

1 所有水果取果肉，切成小块。

2 破壁机中倒入火龙果块、1/3香蕉块和30毫升酸奶，搅打均匀。

3 装入裱花袋，挤入杯中。

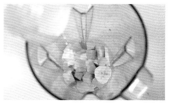

4 破壁机洗净，倒入杧果块（留少量备用）、1/3香蕉块和30毫升酸奶，搅打均匀。

5 装入裱花袋，挤入杯中。

6 破壁机洗净，倒入牛油果块、剩余的香蕉块和酸奶，搅打均匀。

7 装入裱花袋，挤入杯中。

8 放上杧果块、柠檬片和装饰饼干，可撒上适量饼干碎。

总热量 🔥 **345 千卡**

⧗ 10分钟

👤 2人份

绿奶果昔杯

📷 **食材及热量**

酸奶 150 毫升	100 千卡
香蕉半根	60 千卡
菠菜 30 克	10 千卡
薄荷 10 克	5 千卡
熟杏仁 20 克	110 千卡
原味蛋糕 20 克	60 千卡

🧂 **配料**

装饰饼干	适量
蓝莓	适量

扫一扫，跟着做

🍲 **步骤**

1 香蕉去皮，切成小块；原味蛋糕切成丁；菠菜、薄荷洗净，切碎。

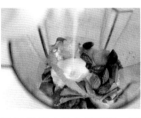

2 破壁机中放入香蕉块、菠菜碎、薄荷碎、熟杏仁，倒入酸奶。

3 启动最高转速，搅打1分钟。

4 奶昔倒入杯中，放上蓝莓、原味蛋糕碎和装饰饼干。

— 减脂贴士 —

成熟的香蕉有一定的润肠通便的作用，做成果昔，营养美味。夏天推荐使用冰冻香蕉，加上薄荷，口感会更加清爽。

无油　低糖　补钙　供能

黑黑拿铁

食材及热量

牛奶200毫升	100千卡
熟黑芝麻30克	170千卡
熟核桃仁20克	130千卡
黑糖10克	40千卡

总热量 🔥
440千卡

⏳ 5分钟

👤 2人份

扫一扫，跟着做

— 减脂贴士 —

牛奶富含优质蛋白质和钙质，加上适量坚果更能为身体提供能量，在减脂期适量饮用，能让人精力更加充沛。

步骤

1 破壁机中倒入熟黑芝麻、熟核桃仁和牛奶。

2 破壁机中放入黑糖。

3 启动最高转速，搅打1分钟，至出现丰富的奶泡，即成拿铁。

4 将拿铁倒入杯中即可。

总热量 🔥
420 千卡

⏳ 10分钟　　👤 2人份

豆豆拿铁

📷 **食材及热量**

黑豆20克	80千卡
黄豆20克	80千卡
牛奶200毫升	100千卡
熟腰果20克	120千卡
红枣片10克	40千卡

扫一扫，跟着做

🍲 **步骤**

1 锅中放入洗净的黑豆和黄豆，加入适量水，一同煮熟后捞出沥干。

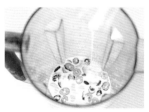

2 破壁机中放入黑豆、黄豆、熟腰果和红枣片，倒入牛奶。

3 启动最高转速，搅打1分钟，即成拿铁。

4 将拿铁倒入杯中。

— 减脂贴士 —

这款由黑豆和黄豆制作的拿铁含有丰富的植物蛋白质，营养丰富；加入红枣片喝起来有天然的甜味，还能补血益气。

青麦拿铁

总热量 🔥 **330千卡**　⧖ 15分钟　👤 2人份

⚖ 食材及热量

牛奶200毫升	100千卡
红薯40克	40千卡
熟核桃仁20克	130千卡
青麦粉15克	60千卡

扫一扫，跟着做

🍲 步骤

1 红薯洗净，去皮，切成小块。

2 蒸锅中倒入水，大火煮沸，放入红薯块，蒸10分钟至熟。

3 破壁机中倒入牛奶、青麦粉、红薯块和熟核桃仁。

4 启动最高转速，搅打1分钟，即成拿铁。

— 减脂贴士 —

不喜欢吃杂粮，就做这杯青麦拿铁吧，食材放得多一些，可以直接作为营养代餐，晨起一杯还润肠通便。

总热量 🔥 **260千卡**

⏳ 15分钟

👤 2人份

南瓜拿铁

🥘 食材及热量

牛奶200毫升	100千卡
南瓜30克	10千卡
熟南瓜子20克	110千卡
红枣片10克	40千卡

扫一扫，跟着做

📋 步骤

1️⃣ 南瓜洗净,去皮,切成小块。

2️⃣ 蒸锅中倒入水，大火煮沸，放入南瓜块,蒸10分钟至熟。

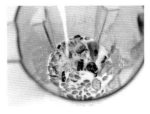

3️⃣ 破壁机中倒入牛奶、南瓜块、熟南瓜子和红枣片。

4️⃣ 启动最高转速，搅打1分钟，即成拿铁。

— 减脂贴士 —

南瓜是非常有利于瘦身的粗粮，富含膳食纤维，不但饱腹感强，还能有效促进肠胃蠕动。

少油　低糖　供能　高纤

紫薯拿铁

📷 食材及热量

牛奶200毫升	100千卡
紫薯50克	70千卡
熟腰果20克	120千卡

—— 减脂贴士 ——

紫薯能为拿铁带来非常厚实的口感，又有天然甜味，作为低热量饱腹的下午茶，再适合不过了。

总热量 290千卡

15分钟

2人份

扫一扫，跟着做

📷 步骤

1️⃣ 紫薯洗净，去皮，切成小块。

2️⃣ 蒸锅中倒入水，大火煮沸，放入紫薯块，蒸10分钟至熟。

3️⃣ 破壁机中倒入牛奶、紫薯块和熟腰果。

4️⃣ 启动最高转速，搅打1分钟，即成拿铁。

总热量 🔥
290千卡

⌛ 8分钟

👤 2人份

扫一扫，跟着做

少油　低糖　润肠　养颜

红茶拿铁

🗃 **食材及热量**

袋装红茶1袋	0千卡
牛奶200毫升	100千卡
红枣片20克	80千卡
熟杏仁20克	110千卡

🍳 **步骤**

1 袋装红茶放入杯中，用50毫升热水冲泡，再放入微波炉中高火加热1分钟。

2 破壁机中倒入红茶汤、牛奶、红枣片和熟杏仁。

3 启动最高转速，搅打1分钟，即成拿铁。

4 将拿铁倒入杯中。

― 减脂贴士 ―

采用简单的食材，也能做出一杯好喝的奶茶。红茶本身热量较低，泡出的茶水几乎无热量，再不用担心喝奶茶变胖了。

少油　低糖　提神　供能

咖味拿铁

🛍 食材及热量

牛奶200毫升	100千卡
咖啡粉30克	30千卡
熟杏仁20克	110千卡
红枣片20克	80千卡

总热量 🔥
320千卡

⏳ 5分钟

👤 2人份

扫一扫，跟着做

--- 减脂贴士 ---

这款咖味拿铁既能给困倦的身体提神，也能加速新陈代谢，加入熟燕麦片或者坚果，就是一杯可以饱腹的营养代餐。

🍳 步骤

1️⃣ 咖啡粉倒入杯中，用30毫升热水冲泡。

2️⃣ 破壁机中倒入咖啡、牛奶、红枣片和熟杏仁。

3️⃣ 启动最高转速，搅打1分钟，即成拿铁。

4️⃣ 将拿铁倒入杯中。